실내 식물 가꾸기의 모든 것

실내 식물
가꾸기의
모든   것

LIVING
WITH
PLANTS

소피 리 지음
김아영 옮김

목차

[HOW TO]

여러분만의 도심 속 안식처를 만드세요

안녕하세요! 저는 식물 스타일링 기업 지오-플뢰르 Geo-Fleur의 창업자
소피 리 Sophie Lee입니다. 저는 모든 공간에 푸른빛을 더하는 걸 좋아한답니다.
창턱에도 책장에도 심지어 침대 기둥에도 말이죠. 공간이 넓든 좁든 식물과 함께 있으면
모든 것이 더 아름답게 느껴지거든요. 지오-플뢰르는 실내 가드닝이 얼마나 즐거운 일인지 교육하고
모든 사람들이 자신의 집을 푸르게 가꿀 수 있도록 북돋고자 합니다.

제가 지오-플뢰르를 시작한 것은 2014년 10월이지만 오래 전부터 실내 식물에 대해 강한 집착을 가지고 있었습니다. 플로리스트인 어머니를 도와 이따금 버튼홀 buttenhole, 상의에 꽃는 꽃이나 커다란 테이블 데코, 웨딩 부케를 만들었죠. 아마도 식물을 잘 돌보는 재능이 집안에 흐르고 있는 것 같아요. 제 삼촌은 내셔널 트러스트 National Trust 정원의 수석 정원사입니다. 삼촌은 종자 수집을 위해 일본으로 출장을 갈 때마다 번식을 위해서 제게 아름다운 다육식물을 가져다주시곤 했어요. 이를 계기로 제 사업을 시작하게 되었습니다. 지오-플뢰르에 다육식물이 많은 이유이기도 하고요!

저의 동업자인 샐리는 꽃이 없는 식물을 더 좋아합니다. 그래서 그녀에게 결혼할 때 부케 대신 테라리엄을 들고 식장에 걸어 들어가면 어떻겠느냐고 제안했죠. 모든 것이 거기서부터 시작됐어요. 저는 테라리엄을 몇 개 더 만들어보고는 푹 빠져들어서 지금은 테라리엄 워크숍을 운영하고 있습니다. 이 워크숍에서 자신만의 미니어처 풍경을 만드는 법을 배울 수 있죠. 제게 있어 테라리엄은 실내 가드닝의 완벽한 예시입니다. 집 안에 자연의 아름다움을 심을 수 있는 훌륭한 방법이기도 하고요.

실내 식물들은 실외 정원만큼이나 멋집니다. 여러 방면으로 활용이 가능하고, 자신에게 딱 맞게 연출할 수 있으며, 이사를 갈 때 옮기기도 쉽죠. 식물들은 공간에 미묘한 푸른빛을 심어주기도 하고, 눈길을 끄는 드라마틱한 포인트가 되기도 합니다. 여러분의 스타일이 모던하고 미니멀하다면 그대로, 또는 빈티지하고 기발하다면 그대로 여러분에게 꼭 맞는 식물을 찾을 수 있어요. 일단 식물 컬렉션을 시작하면 멈출 수가 없을 거예요. 이름을 붙여주게 되고, 화려하고 장식적인 화분도 마련해주게 됩니다.

식물은 아름답기도 하지만 건강에도 무척 좋습니다. 여러 연구 결과에 따르면 집 안에 식물이 있으면 집중력이 높아지고, 공기가 깨끗해지고, 생산성이 높아지고, 혈압이 낮아지고, 기분이 좋아진다고 해요. 식물은 아름다울 뿐만 아니라 실질적인 효용이 있어, 여러분의 삶을 풍요롭게 해줄 겁니다. 이 책에는 실내에서 식물을 스타일링 하는 방법과 그에 따른 하우투 How To 아이디어를 실었습니다. 여러분의 집에 맞는 식물들을 스타일링 하는 데 도움이 될 거예요. 실내 식물에 대한 수요도, 이 식물들을 디스플레이하는 방법에 대한 수요도 점점 늘어가고 있습니다. 제가 알고 있는 것들을 자신만의 실내 정글을 만들고자 하는 분들과 빨리 나누고 싶습니다. 이 책을 통해 부디 많은 영감을 얻기를 바라며, 식물을 창조적으로 활용하여 여러분만의 도심 속 푸른 안식처를 만드는 데 도움을 얻기 바랍니다.

실내 정원은 행복감을 높여줍니다

식물은 집 안에 활기를 불어넣고 변화를 일으킬 수 있는 쉽고 멋진 방법입니다.
식물은 생김새, 크기, 질감 등이 참으로 다양하기 때문에
여러분의 취향과 공간에 딱 맞는 것을 어렵지 않게 찾을 수 있을 거예요.

도시에서 정원과 같은 바깥 공간을 가지기란 쉽지 않죠. 지오-플뢰르가 독특한 실내 식물과 선인장을 판매해 성장하게 된 것도 놀랄 일은 아니랍니다. 많은 사람들이 실내 공간에 식물의 푸름을 더하고 싶어 하죠. 당장이라도 달려가 엄청나게 많은 식물을 사들이고 싶은 충동이 일어날 거예요. 그렇지만 일단 아름다운 식물을 구입했다면 보살피는 방법을 익혀야 합니다. 바로 그 지점에서 도움을 드리려고 해요. 여러분의 집에 딱 맞는 식물을 찾는 것뿐 아니라 제대로 관리하는 법을 알려드리겠습니다. 또 무성한 실내 정원을 가꿀 수 있는 팁과 요령을 가르쳐드릴게요. 이 책이 여러분의 식물 바이블이 될 수 있을 겁니다.

집에 식물을 키울 때
건강에 좋은 점

———

집 안에 식물을 두면 건강에 좋습니다. 식물들은 산소를 내뿜고, 습도를 조절하며, 공기를 정화하죠. 실내 정원은 바깥세상으로부터 안식처가 될 수 있어요. 엄청난 기쁨의 원천이 돼주기도 하고요. 작은 아파트에 살든 커다란 시골 저택에 살든, 집 안에 식물을 들이면 건강은 물론 전반적으로 행복감이 증진되는 걸 느낄 수 있을 거예요.
식물을 스타일링 할 때엔 어떤 식물이 어떤 공간에 가장 잘 어울리는지를 알아내는 게 매우 중요합니다. 욕실은 기생寄生

식물과 코케다마kokedama, 화분 없이 이끼로 뿌리를 감싸 공중에 걸어 키우는 식물를 기르기에 아주 적합해요. 매일 샤워하면서 발생하는 많은 습기가 이 식물들이 잘 자라게 도와주죠. 만약 온실이나 아주 따뜻한 공간이 있다면, 양치식물이나 야자과 나무, 다육식물이나 선인장으로 채워보세요. 이 식물들은 열기를 사랑하기 때문입니다. 식물들은 보통 내리쬐는 정오의 햇볕을 좋아하지 않으니 이 점에 주의하시기 바랍니다. 무엇보다 집에 있는 식물을 죽이게 되는 가장 큰 원인은 물을 너무 많이 줘서 뜻하지 않게 익사시키는 것입니다. 124~127쪽을 보고 식물에 물을 주는 올바른 방법을 익혀보세요.
집에 식물을 들이는 건 아주 쉬운 일로, 곧장 변화를 느끼게 될 거예요. 다육식물로 창턱을 꾸며보고, 커튼레일에 선연한 색의 매듭공예 식물 걸이를 매달거나, 혹은 떡갈잎고무나무처럼 대담한 시도를 해봐도 좋겠죠. 화분을 활용하는 것도 좋습니다. 식물을 아름다운 도자기나 구리 화분에 담아보세요. 집에 식물을 들일 때 큰돈을 쓸 필요는 없습니다. 친구네 집에서 한 줄기 얻어오거나 동네 꽃집에서 사보시기를 권합니다. 이 책에는 또한 초심자를 위한 식물 고르는 방법과 환경에 강한 식물로 집을 꾸미는 방법이 설명되어 있습니다 49쪽.
이 책을 통해 실내 식물들을 돌보고 기르는 방법을 익히고, 친구들과도 지식을 공유해 함께 식물 컬렉션을 만들어나가시기를 바랍니다!

테라코타 화분에
마블링 하기

이번 [HOW TO] 섹션에서는 테라코타 화분에 마블링 하는 방법을 알려드립니다. 테라코타 화분은 새것이어도 좋지만, 이미 있던 걸 사용하면 질감이나 매력이 더 커집니다. 초벌구이만 된 깨끗한 화분을 사용하세요. 안 그러면 잉크가 잘 묻지 않습니다. 지오-플뢰르에서는 스콜라Scola의 무지갯빛 잉크를 사용합니다만 시중에는 다양한 종류의 마블링 잉크가 있으니 골라서 사용하세요. 화분을 세워둘 테라코타 받침대에도 함께 마블링을 하면 좋겠죠.

준비물

다른 색깔의 마블링 잉크 3~4개

깨끗한 물을 채운 커다란 양동이

막대기

초벌구이만 된 테라코타 화분

고무장갑(없어도 됩니다. 사실 저는 지저분하게 작업하는 걸 좋아해요.)

신문지 또는 플라스틱 시트

붓

밀폐제

화분에 심을 식물

1 물이 담긴 양동이에 마블링 잉크를 각각 서너 방울 떨어뜨립니다. 그런 뒤 막대기로 잉크를 휘저어줍니다.

2 화분의 양 옆을 잡고 물에 담가주세요. 화분이 흔들리지 않도록 양 손을 안정되게 유지합니다. 역시 화분이 흔들리지 않게 하면서 그대로 물 바깥으로 빼내주세요. 고무장갑을 껴도 좋습니다(전 지저분하게 작업하는 걸 좋아하지만요!).

3 물에 넣었다 빼는 작업을 반복해줍니다. 이때 물을 바꿔가면서 다른 색의 잉크를 더해 화분에 다양한 종류의 선명한 색채를 입혀도 좋겠죠.

4 표면이 전부 덮일 때까지, 그리고 패턴이 만족스럽게 나올 때까지 화분을 물에 넣었다 빼는 작업을 계속해주세요. 화분이 흔들리거나 완전히 물에 잠길 경우 패턴이 엉망이 될 수 있

으니 조심하세요.

5 신문지나 플라스틱 시트 위에 화분을 바로 세워 바닥에 잉크가 묻지 않게 합니다. 대리석 무늬 잉크가 고정될 때까지 최소 3시간 동안 말려줍니다.

6 화분이 다 말랐다면 붓으로 밀폐제를 발라줍니다. 이렇게 해야 마블링 잉크의 유독 성분으로부터 식물을 보호할 수 있답니다. 밀폐제가 완전히 마르도록 둡니다(약 2시간).

7 골라둔 식물을 심고 자랑스럽게 전시해보세요!

완성된 작품은 해시태그 #LIVINGWITHPLANTSMARBLEDPOT #LIVING-WITHPLANTSHOWTO @GEO_FLEUR를 달아서 업로드 해주세요.

1장

집 안에 식물을
들여보세요

만약 집 안에 넓은 공간이 있다면,
몬스테라와 같은 잎이 큰 식물을 들여보세요.
무척 아름다운 조형미를 누릴 수 있습니다.

여러분의 공간에
어울리는 식물이 있습니다

실내 가드닝의 세계에 빠져들기로 결정하셨군요! 우선 뒤로 물러서서 여러분 집의 공간들을
살펴보세요. 그런 뒤 다음 질문들에 차례로 대답해보세요. 공간이 얼마나 되나요?
정글처럼 우거진 스타일을 원하나요 아니면 미니멀한 스타일을 원하나요? 일조량은 어떤가요?
무언가를 걸 공간이나 화분 몇 개를 올려둘 만한 캐비닛, 또는 식물로 한층 멋을 낼 수 있는 책장이 있나요?

여러분의 공간에 얼마나 큰 식물이 가장 잘 어울릴지 판단하는 것이 중요합니다. 작은 식물들이 담긴 화분이 여러 개 있는 것이 어울릴까요 아니면 커다랗고 존재감 있는 식물 하나가 더 잘 어울릴까요? 큰 식물은 특유의 조각적인 질과 건축적인 형태가 돋보이려면 넓은 공간이 필요하기 때문에 작은 공간에 욱여넣는 건 의미가 없겠죠.

커다란 식물은 깔끔한 선과 미니멀한 데코가 가미된 현대적이고 탁 트인 공간에 아주 잘 어울립니다. 한편 집이 복작복작하고 개성 가득한 공간이라면 그런 점을 돋보이게 할 수 있도록 크기가 작은 식물에 투자할 것을 권하겠어요.

만일 처음으로 식물을 키워본다면, 생명력이 강하고 손이 덜 가는 중소형 사이즈의 식물들^{49쪽}로 시작하는 게 좋습니다. 머잖아 식물에서 새 잎이 돋아날 때 엄청난 기쁨을 맛볼 수 있을 거예요.

어떤 화분에 어떤 종류의 식물이 잘 어울리는지는 물론, 어떤 조합을 피해야 하는지도 알려드릴게요. 대충 설명을 드리자면, 비율은 2 대 1이 좋습니다. 화분이 큰 경우에는 2가 식물이고 1이 화분이어야 하죠. 그렇지만 꼭 이 비율을 지켜야 할 필요는 없어요. 자꾸 연습하다 보면 화분 크기에 따른 가장 좋은 비율을 발견할 수 있을 겁니다. 마란타(마란타 레우코네우라)처럼 키가 낮게 자라는 식물을 커다란 화분에 심었을 때 화분의 특징이 살아나면서 깜짝 놀랄 만한 모습이 연출됩니다. 반면 화분의 가장자리로 넘쳐나는 작은 식물들을 심으면 화분보다는 식물에 눈길이 쏠리게 되겠죠.

화분을 사용하는 방법과 함께 식물을 활용해 집을 꾸미는 방법도 알려드릴게요. 테라리엄을 만든다든가 ^{116~119쪽}

벽을 밝은 색으로 칠하거나 화려한 벽지를
바른 뒤 그 앞에 조각상처럼 구조감이 뛰어난
식물을 둬보세요. 바로 만족하게 될 겁니다.

134~137쪽, 코케다마 모스볼을 매단다든가 78~81쪽, 매듭공예 식물 걸이를 만들어 천장에서부터 식물을 늘어뜨리는 방법 34~39쪽 등이 있죠. 식물과 컨테이너가 각 공간의 스타일과 조화를 이룰 수 있도록 주의를 기울여야 합니다. 그래야 식물들이 인테리어를 더 돋보이게 만들어줄 테니까요.

책장과 선반은 식물을 두기에 아주 좋은 장소입니다. 덩굴식물 몇 개를 좋아하는 책 사이에 배치해보세요. 이를테면 러브체인(세로페기아 우디)이나 필로덴드론(필로덴드론 스칸덴스)을 꼽을 수 있겠네요. 커피 탁자나 키가 낮은 선반들은 독특한 모양의 식물이나 다육식물 여러 개를 얹어 시선을 집중시킬 수 있습니다. 저는 식물들이 홀수로 모여 있을 때 가장 멋져 보인다고 생각하지만, 만약 미니멀리즘을 지향한다면 짝수의 식물을 일렬로 정렬하거나 기하학적인 모양으로 배치해도 구조감 있고 정돈된 느낌을 낼 수 있겠죠. 선택은 여러분의 몫입니다!

독일의 저명한 건축가 미스 반 데어 로에(Mies van der Rohe)는 "덜한 것이 더 좋다"는 유명한 말을 남겼습니다. 그렇지만 이 말은 가드닝엔 유효하지 않답니다. 더할수록 더 좋죠. 머잖아 여러분은 식물 컬렉션을 갖춰 나가는 데 푹 빠지게 될 거예요. 함께 두었을 때 서로 잘 어울리는 다른 종류의 식물을 찾는 핵심 방법은 모양과 질감이 다르면서도 서로를 보완해주는 것들을 찾는 것입니다. 만약 인테리어를 마무리하는 단계라면, 공간에 녹아들어갈 수 있는 식물을 골라야 합니다. 작은 욕실에 잎이 커다란 몬스테라(몬스테라 델리시오사, 봉래초)를 놓는 건 아무런 의미가 없습니다. 틀림없이 어색해 보일 거예요. 조각품 같은 몬스테라의 드라마틱한 형태를 온전히 드러내기 위해서는 충분한 공간이 필요합니다. 어떤 식물이 집 안의 어느 공간에 가장 잘 어울릴지 알려면 직접 이곳저곳 옮겨볼 필요도 있답니다.

실내 식물들은 보통 잎사귀가 환상적입니다. 마치 색을 입힌 실크로 만든 것처럼 아름답죠. 식물마다 잎의 모양이 다르고 반점도 다릅니다. 주름과 털, 가시와 홈도 모두 제각각이죠. 이게 바로 식물의 세계를 흥미롭게 만드는 요소입니다. 어떤 식물을 어디에 놓을지 생각해봐야 하지만, 다채로운 색깔의 잎을 가진 식물을 놓을지, 심플하고 강렬한 잎의 식물을 놓을지도 고려해야 합니다. 이를테면 칼라테아 (칼라테아 로제오픽타)나 좀 더 심플하고 강렬한 필레아 (필레아 페페로미오이데스, 중국 돈나무) 같은 게 있을 수 있겠죠.

　어떤 식물들은 다른 식물들에 비해 손이 많이 갑니다. 그러니 조각처럼 큰 식물을 키울지 아니면 미니어처 선인장을 키울지 정했다면, 얼마나 시간을 들여 돌볼 수 있을지도 정해야 합니다. 식물을 둘 공간의 미학적인 부분뿐만 아니라 생장 환경도 생각해야 해요. 어떤 식물은 엄청나게 많은 양의 빛을 필요로 하는 반면47쪽, 어떤 식물은 습기를 더 많이 필요로 하죠. 식물이 잘 자라게 하기 위해서는 원래 살던 자연 환경을 재현하는 걸 목표로 삼아야 합니다.

　식물은 살아남기 위해 여섯 가지 영양소를 필요로 하는데요, 바로 탄소와 수소, 산소(물과 공기에서 얻을 수 있죠), 질소, 아인산, 칼륨이랍니다. 식물들이 생육배지에서 공급받던 것들이니 실내에서도 마찬가지로 공급해줘야 하죠. 노지에서 자랄 때엔 마지막 세 요소는 자연적으로 보충이 됩니다. 그렇지만 실내 식물들은 화분에서 자라게 될 테니 비료를 통해 공급해줘야 해요. 저는 천연 비료를 사용하는 걸 추천하고 싶습니다. 식물뿐만 아니라 토양에도 영양을 공급해주기 때문이죠.

• 몬스테라
(몬스테라 델리시오사, 봉래초)

아스파라거스 고사리는 이름과 달리,
실제로는 고사리 같은 양치식물이 아니랍니다.
그냥 벽을 타고 자라는 상록 허브예요.

• 토끼발고사리(다발리아)

아스파라거스 고사리
(아스파라거스 세타세우스)

• 브로멜리아드(브로멜리아세아)

• 고무나무(헤베아 브라질리엔시스)

필레아 페페로미오이데스
(중국 돈나무) •

박쥐란(플라티세리움)

보스턴고사리
(네프롤레피스 엑살타타)

• 떡갈잎고무나무(피쿠스 리라타)

공간을 최대한으로 활용하기 위해
책꽂이나 침대 기둥에 양치식물이나
매력적인 틸란드시아를 배치해보세요.

창턱과 테이블 위는 다양한 크기의 각종 식물을
두기에 최적의 장소랍니다. 다양한 질감과 색의
조합으로 효과를 극대화해보세요.

매듭공예 식물 걸이^{34~39쪽}를 이용해 창문을
빛나게 해보세요. 만들기도 쉽고 집 안을 꾸미기에
안성맞춤인 액세서리랍니다.

실내 식물 가꾸기의 8가지 황금 규칙

1 익사시키지 마세요 물을 지나치게 많이 주는 건 실내 식물을 죽이는 가장 흔한 요인입니다. 124~127쪽에서 올바르게 물을 주는 방법을 살펴보세요.

2 쉬게 두세요 거의 모든 식물에게 휴지기가 필요하나는 사실에 많은 사람들이 놀란답니다. 휴지기는 일반적으로 겨울인데요, 이 시기 동안에는 물과 영양분을 덜 공급하고 조금은 쌀쌀하게 지내게 둬야 해요.

3 충분한 습기를 제공해주세요 중앙난방을 비롯한 다른 열 공급원이 공기를 무척 건조하게 만들 수 있어요. 식물에 자주 분무해주어 공기 중 습도를 높이는 것이 중요합니다. 123쪽에서 자세히 알아보기로 해요.

4 골머리 썩히는 문제를 주의하세요 식물에 골치 아픈 문제가 생기는 경우가 있기 마련입니다. 전문가도 초보자도 똑같이 겪는 일이죠. 작은 벌레나 해충 한두 마리는 쉽게 없앨 수 있지만, 만약 벌레가 들끓고 있다면 안타깝지만 손을 떼야 해요. 또 물을 지나치게 많이 주는 것이 처음엔 치명적이지 않지만, 계속된다면 식물을 죽이게 됩니다. 식물에 문제가 있다는 초기 신호 128~131쪽 를 놓치지 말고 즉각 대처하세요.

5 식물들은 같이 있는 걸 좋아해요 식물 파티라도 벌인 듯이 식물들을 한데 모아 배치하는 트렌드를 본 적 있을 거예요. 거의 모든 식물들은 주변에 다른 식물이 있을 때 훨씬 잘 자란답니다. #식물무리(PLANTGANG)

6 분갈이는 지금 배워야 할 기술이에요 어떤 식물은 천천히 자라지만, 자라나는 속도를 따라잡기 버거운 식물도 있어요. 무성하게 자란 식물이 집 안을 점령하기 전에 지금 당장 분갈이하는 방법을 익히세요 108~113쪽.

7 식물을 신중하게 고르세요 안타깝지만 정글 온도에서만 생존이 가능한 아름답고 희귀한 식물을 춥고 좁은 아파트에서 기르는 건 불가능합니다. 완벽한 전문가라고 하더라도, 음지식물을 해가 내리쬐는 창가에서 생존하게 할 수는 없어요.

8 몇몇 도구에 투자하세요 분무기는 꼭 필요한 도구입니다. 분무를 하면 쉽게 수분을 공급해줄 수 있을 뿐 아니라 공기 중 습도를 높이고 먼지를 줄이는 효과도 있죠. 물받이는 바닥에서 수분을 공급해줄 때 유용합니다. 그리고 양질의 비료는 식물을 더 건강하게 해줍니다.

계단식 사다리는 식물을 손쉽고 멋지게
전시할 수 있는 도구입니다. 커다랗고
잎이 많은 식물을 맨 위에 놓고, 작은
선인장이나 다육식물들은 아래쪽에
배치해보세요

강렬하고 생기 넘치는 고무나무는
피쿠스 엘라스티카라고도 불립니다.
최고 15미터까지 자라기도 하죠!

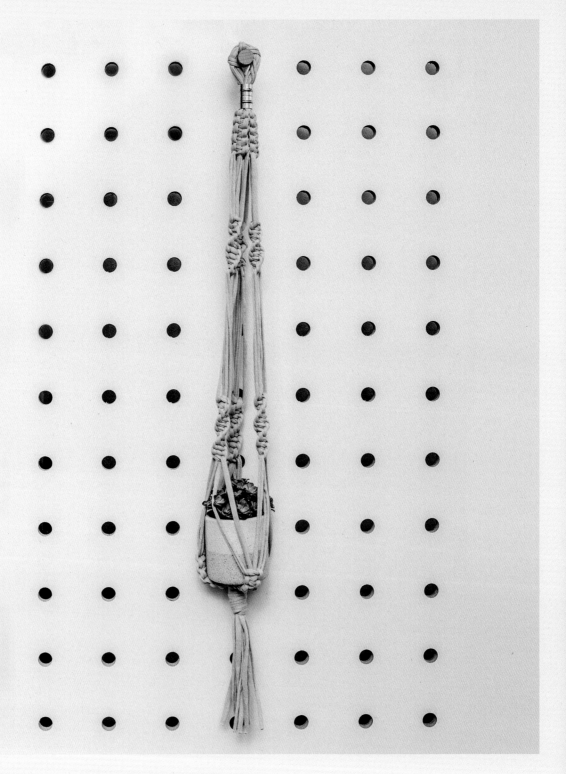

매듭공예
식물 걸이
만들기

매듭공예macramé 식물 걸이는 70년대에 크게 유행했어요. 그리고 오늘날 다시 대대적인 관심을 받고 있죠. 선반이나 바닥에 공간이 점점 부족해지고 있을 때 식물을 공중에 매달 수 있는 좋은 방법이랍니다. 또한 어떤 공간에든 잘 어울리고요. 매듭공예나 뜨개질 벽걸이는 집에 색채와 질감을 더할 수 있는 재미있고 쉬운 방법이에요. 식물이 자라면서 걸이에 아름답게 잎을 드리우게 될 거예요.

준비물

3미터 길이의 긴 무명실이나 울 6가닥

구리로 된 일자 커플러

15센티미터 길이의 긴 무명실이나 울 1가닥

자

가위

S 후크

1 6가닥의 긴 무명실 또는 울을 나란히 가다듬어 내려놓습니다. 전부 들어올려 반으로 접어줍니다. 이제 12가닥의 무명실이 잡힙니다. 접힌 끝부분을 구리로 된 일자 커플러에 완전히 끼워넣어 고리를 만들어줍니다. 커플러의 다른 끝부분에 12가닥의 느슨한 무명실이 나와 있게 됩니다.

2 15센티미터 길이의 무명실 또는 울을 커플러를 통해 끼웁니다. 약 절반쯤 되는 부분이 아까 만든 고리의 끝 부분에 위치하도록 통과시켜주면 됩니다. 고리를 둘러 여러 번 감싸주세요. 고리가 커플러에서 빠져나가지 않게 하기 위해서랍니다. 끈의 끝부분을 구리 커플러의 안쪽으로 밀어넣어 보이지 않게 만들어줍니다.

3 끈을 4가닥씩 3그룹으로 나눕니다. 4가닥으로 구성된 각 그룹은 '작업용' 실(바깥쪽에 위치한 끈 2가닥)과 '채우는' 실(가운데 2가닥)로 구성됩니다.

4 네모난 매듭을 만들 건데요, 오른쪽 작업용 실을 2개의 채우는 실 위로, 그런 다음 왼쪽 작업용 실 아래로 배치시킵니다.

이번에는 왼쪽 작업용 실을 오른쪽 작업용 실과 채우는 실 아래에 놓습니다. 그런 뒤 오른쪽 작업용 실과 채우는 실로 만들어진 고리 사이로 통과시킵니다. 양쪽의 작업용 실을 잡아당겨 줍니다. 그런 뒤 이 반쯤 지어진 매듭을 구리 커플러까지 밀어 올립니다. 사각형 매듭을 완성하기 위해서는 단순히 이 과정을 반복하기만 하면 되는데요, 반대로 해야 한다는 점에 주의하세요: 왼쪽 작업용 실을 2가닥의 채우는 실 위에 놓은 뒤 오른쪽 작업용 실 아래에 놓습니다. 오른쪽의 작업용 실을 왼쪽 작업용 실과 채우는 실 2가닥의 아래에 놓습니다. 그런 뒤 오른쪽 작업용 실을 왼쪽 작업용 실과 채우는 실로 만들어진 고리를 통해 빼냅니다. 양쪽 작업용 실을 잡아당겨 첫 번째 매듭 아래까지 밀어 올립니다.

5 7개의 사각형 매듭이 연달아 만들어질 때까지 이 과정을 반복합니다. 나머지 2그룹 역시 마찬가지로 작업합니다.

6 첫 번째 그룹부터 시작해봅시다. 자 또는 손가락 4개를 활용해 7센티미터 갭을 잽니다.

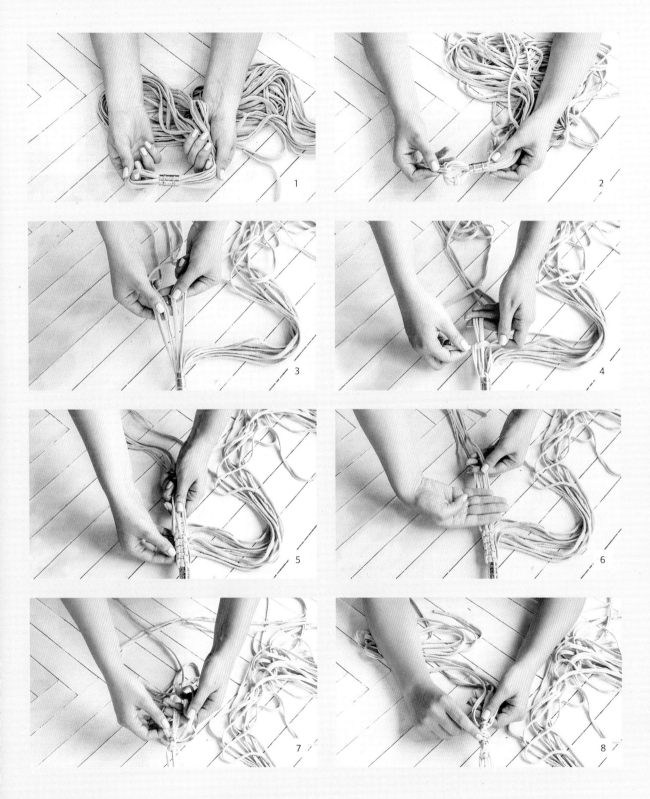

7 이 갭 아래쪽으로 반매듭 나선을 만들 건데요. 먼저 오른쪽 작업용 실을 채우는 실 두 가닥 위로 놓은 뒤 왼쪽 작업용 실 아래에 놓습니다. 왼쪽 작업용 실을 오른쪽 작업용 실과 채우는 실 모두의 아래에 놓습니다. 그런 뒤 오른쪽 작업용 실과 채우는 실로 만들어진 고리를 통과시켜 빼냅니다. 양쪽 작업용 실을 잡아당겨 단단히 매듭짓습니다.

8 7번 단계를 반복해서 이 그룹에 6개의 반매듭 나선을 더 만들어줍니다.

9 7개의 반매듭 나선을 나머지 2그룹에도 묶어줍니다.

10 첫 번째 그룹으로 계속 작업해나갈 건데요, 7센티미터 갭을 두고 7개의 반매듭 나선을 또 만듭니다. 다른 2그룹에도 마찬가지로 이 절차를 반복합니다.

11 그룹을 다시 4개로 재편해줍니다. 한 그룹의 오른쪽 실 두 가닥을 인접한 그룹의 왼쪽 실 2가닥과 엮어줍니다.

12 기존 매듭의 5센티미터 아래 부분에서부터 시작할 겁니다. 4번 과정을 반복해 사각형 매듭 5개를 지어줍니다.

13 4번 과정을 했으면 나머지 2그룹에는 11번 과정을 진행합니다.

14 길게 남는 끈 중 하나에서 50센티미터를 잘라냅니다. 이때 술을 만들 충분한 길이를 남겨둬야 해요.

15 방금 잘라낸 끈을 가지고 4개의 사각형 매듭 바로 아래에서 12가닥을 모두 묶어 한데 매듭을 지어줍니다. 매듭을 지을 때엔 이렇게 하면 돼요. 일련의 사각형 매듭 아래에 대고, 잘라낸 끈 한쪽 끝에서 10센티미터 정도를 접어 고리를 만듭니다. 이렇게 하면 고리가 끝쪽에 위치하게 되고 고리 끝부분이 사각형 매듭 위에 위치하게 되겠죠. 하나는 길고 하나는 짧은 '꼬리'랍니다. 긴 부분을 잡고 12가닥의 끈에 단단히 감아줍니다. 고리 아래쪽으로 6~7번 감아주세요. 끈의 끝부분을 고리를 통과시켜 빼내고 '꼬리'를 잡아당겨 이 돌돌 감은 부분 안쪽으로 12개의 끈 끝부분이 들어오게 만들어줍니다.

16 끈의 나머지 부분을 모두 쳐내 술을 만듭니다.

완성된 작품은 해시태그 #LIVINGWITHPLANTSMACRAME #LIVINGWITH-PLANTSHOWTO @GEO_FLEUR를 달아서 업로드 해주세요.

2장

실내 식물을
고르는 방법

건강한 식물을 고르는 것이 중요합니다

집 안에서 기를 식물을 구입할 때엔 충분히 시간을 들여 긴강한 식물인지를
체크해야 합니다. 식물이 집에 가서도 계속 행복할 수 있을지를 잘 판단해야 하죠.
물이 부족하거나 너무 과할 때 식물이 보내는 명백한 신호를 놓쳐서, 집에 데리고 왔는데
남은 날이 고작 몇 주밖에 안 남은 것을 알게 된다면 그것처럼 안타까운 일은 없을 거예요.
49쪽을 참고해서 식물을 고를 때 올바른 결정을 내리는 법을 살펴보세요.

식물을 구입할 때 식물마다 크기도 다양하고 성장 단계도 다양한 것을 알 수 있습니다. 원예원에 가면 많은 식물들이 작은 화분에 담겨 팔리는 걸 볼 수 있어요. 이런 어린 식물들은 화분에서 씨앗부터 키웠거나 꺾꽂이를 해서 심은 것이죠. 따라서 앞으로 계속해서 잘 자랄 수 있도록 건강한 식물을 고르는 데 특별히 주의를 기울여야 합니다.

어떤 식물들은 다른 식물보다 훨씬 비싼데요, 희귀한 종이라서 그렇습니다. 이런 식물들은 훨씬 늦게 자라거나 무성하게 키우기가 힘듭니다. 시장에는 엄청나게 다양한 종류의 식물들이 있고, 가격도 제각각이며, 모양도 뭘 골라야 좋을지 모를 정도로 많죠. 어떤 분재 나무들은 무척 비싸답니다. 60년은 된 경우도 있기 때문이죠. 그렇지만 2미터는 되는 테이블야자(샤마에도레아 엘레간스)는 그 반값일 거예요. 상대적으로 빨리 자라고 무성하게 키우기도 쉽기 때문입니다.

만약 식물을 풍성하게 기르고 싶은데 예산이 제한적이라면, 서로 잘 어울려 클 수 있는 작은 식물들을 구입해서 즉각적인 효과를 만들어보세요. 저렴한 비용으로 식물을 기를 수 있는 또 다른 좋은 방법으로는, 친구나 친지들에게 그들이 기르는 식물의 일부를 꺾꽂이해 갈 수 있는지 물어보는 거예요. 저는 계속해서 엄마의 온실에서 꺾꽂이들을 '빌려' 온답니다. 엄마의 손길을 받은 식물들은 모두 마법처럼 잘 자라거든요.

건강한 식물인지 확인하기 위한 팁

———

> 튼튼하고 건강한 잎사귀
> 단단한 줄기
> 벌레가 끓거나 전염병에 걸린 부분이 없을 것
> (잎의 뒷부분은 물론 줄기도 잘 살펴보세요. 전염병들이 숨어 있거나 위장을 하고 있는 경우가 많답니다.)

다육식물은 첫 식물로 아주 적합합니다. 손이 덜 가면서 잘 자라고 대부분의 집에 잘 어울리죠. 햇빛을 최대한 많이 받을 수 있도록 창턱에 두면 좋습니다.

빛과 그늘

식물마다 생존에 필요한 일조량은 다 다릅니다. 되도록 많은 빛을 쐬는 것을 좋아하는 식물이 있는가 하면, 어떤 식물들은 서늘하고 그늘진 곳을 좋아하죠. 식물마다 얼마나 빛에 노출되어야 하는지를 아는 게 중요합니다. 빛을 사랑하는 식물은 어둡고 구석진 곳에서 살아남지 못할 테고, 그늘진 곳을 좋아하는 식물들은 쏟아지는 햇빛 속에서 괴로워하겠죠. 각 공간의 일조량이 어떤지 판단이 섰으면 그 공간에 가장 잘 어울릴 식물을 고를 차례입니다.

북향 창문

북쪽으로 창문이 나 있는 방은 직사광선이 전혀 들어오지 않아요. 집 안에서 가장 그늘지고 선선한 곳이죠. 이런 환경을 좋아하는 식물들은 꽤 많습니다. 책장을 따라 밑으로 내려 자라는 아이비(헤데라 헬릭스, 상록담쟁이)는 무척 아름답고, 산세비에리아 수퍼바(산세비에리아 트리파시아타, 금줄 범꼬리)도 눈에 확 들어올 겁니다.

동향 창문

동쪽으로 창문이 나 있는 방은 새벽부터 계절에 따라 아침나절이나 정오까지 직사광선이 듭니다. 이른 아침 햇살은 오후 햇살에 비해 덜 강한데요, 그렇기 때문에 동향 창문이 있는 방은 적당한 빛과 열기가 필요하면서도 그늘에서 일정 시간을 보내는 걸 좋아하는 식물이 자라기에 적합합니다. 필레아 페페로미오이데스(중국 돈나무)를 한번 시도해보세요. 동쪽 창문

이 있는 방에서도 햇빛이 좀 덜 들어오는 지점에서는 오로지 그늘을 필요로 하는 식물도 기를 수 있습니다.

남향 창문

남쪽으로 창문이 나 있는 방으로는 하루 종일 햇빛이 듭니다. 태양이 지구에 가장 가까워서 하루 중 온도가 가장 높은 이른 오후에서 늦은 오후 시간까지 햇빛이 잘 드는 것은 말할 것도 없고요. 햇빛을 사랑하고 목마른 걸 잘 견딜 수 있는 식물들이 바로 이런 환경에서 번성합니다. 또한 잎이 무성한 품종들은 오랫동안 햇빛에 노출될수록 빠른 속도로 자라나는 경향이 있어요. 다육식물들은 햇빛이 아주 잘 드는 환경에서 무럭무럭 자라고, 알로에와 같은 선인장 종류도 눈길을 끄는 아이템이 될 거예요. 손도 덜 가고 말이죠.

서향 창문

동향 창문이 난 방과 마찬가지로, 서쪽으로 창문이 난 방은 하루 중 일정 시간 동안만 직사광선을 받습니다. 그렇지만 이번엔 하루 중 늦은 시간에 직사광선이 들죠. 이른 오후 또는 늦은 오후부터 햇빛이 들기 시작해 해질녘까지 이어집니다. 그렇지만 이미 방이 낮 동안의 열기로 데워져 있기 때문에, 일단 빛이 들기 시작하면 동향 창문이 난 방보다 훨씬 따뜻합니다. 여름에는 꽤 더워질 수 있으므로, 열기에 강한 식물이 가장 적합합니다. 피토니아 혹은 하워르티아를 길러보세요.

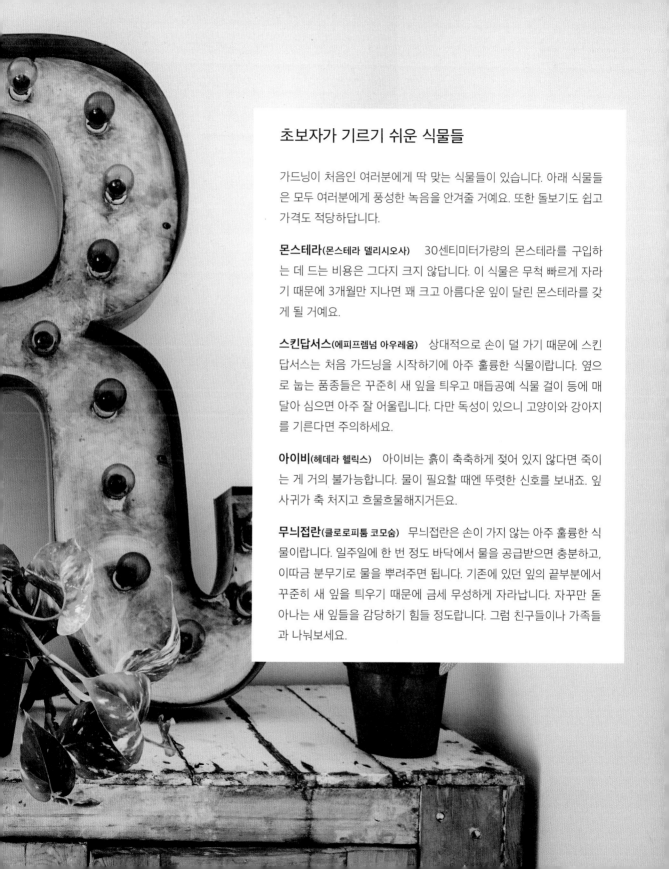

초보자가 기르기 쉬운 식물들

가드닝이 처음인 여러분에게 딱 맞는 식물들이 있습니다. 아래 식물들은 모두 여러분에게 풍성한 녹음을 안겨줄 거예요. 또한 돌보기도 쉽고 가격도 적당하답니다.

몬스테라(몬스테라 델리시오사) 30센티미터가량의 몬스테라를 구입하는 데 드는 비용은 그다지 크지 않답니다. 이 식물은 무척 빠르게 자라기 때문에 3개월만 지나면 꽤 크고 아름다운 잎이 달린 몬스테라를 갖게 될 거예요.

스킨답서스(에피프렘넘 아우레움) 상대적으로 손이 덜 가기 때문에 스킨답서스는 처음 가드닝을 시작하기에 아주 훌륭한 식물이랍니다. 옆으로 눕는 품종들은 꾸준히 새 잎을 틔우고 매듭공예 식물 걸이 등에 매달아 심으면 아주 잘 어울립니다. 다만 독성이 있으니 고양이와 강아지를 기른다면 주의하세요.

아이비(헤데라 헬릭스) 아이비는 흙이 축축하게 젖어 있지 않다면 죽이는 게 거의 불가능합니다. 물이 필요할 때엔 뚜렷한 신호를 보내죠. 잎사귀가 축 처지고 흐물흐물해지거든요.

무늬접란(클로로피툼 코모숨) 무늬접란은 손이 가지 않는 아주 훌륭한 식물이랍니다. 일주일에 한 번 정도 바닥에서 물을 공급받으면 충분하고, 이따금 분무기로 물을 뿌려주면 됩니다. 기존에 있던 잎의 끝부분에서 꾸준히 새 잎을 틔우기 때문에 금세 무성하게 자라납니다. 자꾸만 돋아나는 새 잎들을 감당하기 힘들 정도랍니다. 그럼 친구들이나 가족들과 나눠보세요.

공기 정화 식물

1989년 NASA는 연구를 진행해 가정에서 흔히 기르는 몇몇 식물들이 공기 속 독소를 없애준다는 사실을 밝혀냈습니다. 시드니 공과대학교University of Technology Sydney 역시 2013년 연구조사를 통해 일터에 식물을 두면 업무 생산성을 향상시킬 수 있음을 밝혀냈죠. 책상 위에 식물을 한 개만 두더라도 긴장이 37퍼센트 줄어들고 분노는 44퍼센트, 피로는 38퍼센트가 줄어든다고 합니다. 다음 식물들을 긴장 완화를 위해 사무실 책상에 두거나 혹은 숙면을 위해 침실에 둬보세요.

NASA가 인증한 공기 정화 식물 중
제가 좋아하는 식물들은

> 보스턴고사리(네프롤레피스 엑살타타)

> 무늬접란(클로로피툼 코모숨)

> 벤자민 고무나무(피쿠스 벤자미나)

> 피스 릴리(스파티필룸 '마우나로아')

> 산세비에리아(산세비에리아 트리파치아타 '라우렌티')

> 행운목(드라세나 프라그란스)

> 아이비(헤데라 헬릭스)

분재를 들여보세요

무슨 생각을 하는지 알아요. 분재 나무는 멋지지 않다고 생각하고 있겠죠.
하지만 조금만 더 알아보면 분재에 완전히 매료될 겁니다. 저처럼 말이에요.
전통적인 분재는 조금 구식이지만, 저는 지금 분재의 재탄생을 위해 노력 중이랍니다.

분재 나무는 14세기 초부터 그 기록을 찾아볼 수 있어요. 자연적으로 발생한 왜화수들을 산에서 캐어 장식용 화분으로 옮겨 심기 시작한 건 중국인들이었어요. 기괴하고 뒤틀린 이 작은 나무들의 아름다움을 집에서 감상했지요. 그렇지만 분재 나무를 재배하고 이름을 붙인 건 일본인들입니다. '낮은 화분bon, 盆'에 심은 '식물sai, 栽'이라는 뜻이죠.

일반적으로 분재는 나무나 관목으로 만듭니다. 자연에서 자라면서 갖은 요소들과 싸운 결과 왜소화된 나무를 가져오는 방법이 있고(대부분의 사람들에겐 쉬운 선택지가 아니죠), 원예원이나 분재 전문 재배가에게서 구입하는 방법이 있습니다. 아니면 다소 어렵긴 하지만 꺾꽂이나 접목을 통해 여러분만의 분재를 만드는 것도 한 방법이에요. 염두에 둘 게 있는데요, 씨앗에서부터 분재를 키우려고 한다면 자연스럽게 왜소화가 되지 않는답니다. 그래서 분재를 만들기 위해 전지 작업을 하는 기술을 익히는 게 중요합니다.

분재 나무가 필요로 하는 건 바깥에서 자라는 나무가 필요로 하는 것과 정확히 일치한답니다. 결코 물기가 말라서는 안 되고(이건 치명적이에요), 영양분이 충분히 공급되어야 하며, 잘 숙성된 성장 혼합물도 필요합니다. 공기와 빛 역시 필요해요. 다른 식물들과 다를 게 없죠.

이따금 말도 안 되게 높은 가격이 붙은 100년 이상 된 분재 나무를 볼 수 있을 거예요. 그건 그 나무가 매우 오랫동안 보살핌을 받았고 희귀하기 때문이에요. 그렇지만 다른 취미들과 마찬가지로, 다른 사람의 작품에 수천 파운드를 쏟아붓기보다는 자기만의 분재 나무를 키우는 편이 훨씬 흥미롭고 자부심도 느낄 수 있는 방법이라고 생각해요.

그럼에도 이미 다 자란 분재 나무를 선호한다면 원예원이나 전문가들의 너서리nursery, 어린 식물들을 돌보고 키우는 곳에서 찾을 수 있습니다. 이런 분재 나무는 대부분 상태가 훌륭합니다. 물론 기억해야 할 것이 몇 가지 있어요. 나무의 수령과 모양 외에 건강 상태를 살펴봐야 합니다. 흙은 축축해야 해요. 돌처럼 단단하고 말라 있으면 안 되죠. 잎은 밝은 색을 띠고 건강해야 하며 점무늬나 누렇게 변한 부분이 없어야 합니다. 또한 나무가 화분에 단단히 뿌리내리고 있어야 해요. 화분엔 배수구가 있어야 하고요.

분재 나무를 키우는 데에는 비밀 팁이 하나 있습니다. 분재 나무는 영원히 집 안에서 기를 수 있는 게 아니라서, 날씨에 따라서 잠시 동안 신선한 공기를 쐬고 비를 맞을 수 있도록 해주는 게 좋습니다.

분재 나무는 손이 많이 간다고 생각하기 쉽습니다. 사실과는 전혀 다릅니다. 그저 날마다 분무기로 물을 뿌려주기만 해도 잘 자랄 거예요. 분재 나무는 여러분의 집을 한층 더 아름답고 스타일리시하게 만들어줄 것입니다.

분재 돌보기

화분과 받침

분재의 요소들 중 화분은 액자와 비슷한 역할을 합니다. 전통적으로 화분은 나무를 보완해주는 역할을 할 뿐, 지나치게 개성이 강해서 시선을 빼앗아서는 안 되죠. 분재는 보통 한 번 분갈이를 하면 2~3년 동안은 유지하기 때문에 화분을 고를 때 세심한 주의를 기울이는 게 좋습니다.

크기와 모양

분재 화분은 모양도 색도 크기도 다양한데요, 미니어처 화분부터 높이가 45센티미터에 이르는 화분도 있습니다. 분재마다 화분의 종류도 달라져요. 이를테면 크고 얕은 화분은 미니어처 풍경을 담는 데 적합하고, 높은 화분은 보통 계단식 분재에 사용되죠. 초보자들에게는 대부분의 분재 나무에 잘 어울리는 타원형의 얕은 화분이 무난합니다.

화분의 크기는 몇 가지 규칙을 따릅니다. 화분은 나무 상부의 절반 혹은 3분의 1 정도에 해당해야 하죠. 전통적으로 샤칸Shakan과 같이 키가 작고 옆으로 퍼지는 분재는 화분의 너비가 적어도 나무 높이의 3분의 2는 되어야 합니다. 그렇지만 소칸Sokan처럼 키가 크고 호리호리한 분재는 화분의 너비가 나뭇가지가 뻗어나간 범위보다 좁아야 하죠. 화분의 세로 폭은 나무의 몸통 굵기 정도는 되어야 하고요(계단식 분재를 제외하고요).

색깔

화분의 색깔은 제한적이에요. 시선이 나무 자체에 쏠려야 하니까요. 그래서 갈색, 짙은 청색이나 녹색 계열이 가장 흔합니다. 아무래도 나무의 주된 색에 따라 영향을 받게 되겠죠. 그렇지만 지오-플뢰르에서는 전통에 도전해 좀 더 현대적인 화분을 사용하고 있어요. 꽃이 피는 나무에는 밝은 색의 화분을 매치하는 식이죠. 그렇기는 해도 전통적인 색상 틀에 맞춰서 분재 나무를 보완해줄 수 있는 색을 고르는 게 가장 좋습니다. 화분은 바깥에는 유약을 바르지만, 안쪽에는 바르지 않습니다.

배수

분재 화분에는 배수 구멍이 나 있어야 해요. 고인 물이 빠져나가고 뿌리 주변으로 공기 순환이 되게 만들기 위해서입니다. 구멍은 고운 거즈로 덮어 바닥을 통해 흙이 유실되지 않게 해야 합니다. 분재 나무의 뿌리는 물을 잘 흡수하지 못해서 물이 과포화 상태가 되기 쉽습니다. 올바르게 배수를 해주는 게 분재 나무를 건강하고 만족스러운 상태로 유지하기 위한 열쇠예요.

퇴비

분재 나무에 분재용 흙을 사용하는 건 매우 중요한데요, 충분한 습기를 유지하는 동시에 과도한 물을 배출시켜 뿌리가 썩지 않게 만들기 위해서입니다. 적옥토(아카다마)도 좀 필요할 거예요. 적옥토는 자연적으로 발생하는 광물로 분재용 흙에 섞어 넣어주면 됩니다.

분재 나무는 다른 식물과 마찬가지로
공기와 빛이 필요합니다 •

• 잎이 밝은 색을 띠고
건강해야 합니다

• 뿌리는 말라 있는 편이지만
그렇다고 물을 잘 흡수하지도 않아요

화분에 단단히
뿌리내리고 있어야 합니다 •

흙은 축축하되
질척거리면 안 됩니다 •

• 분재 화분은
반드시 배수 구멍이
나 있어야 합니다

물 주기

분재 나무는 계절에 따라 물을 주는 방법이 달라집니다. 매우 더운 여름날이라면 하루에 두 번은 물을 줘야 해요. 그렇지만 겨울에는 2~3주에 한 번만 줘도 충분하죠. 흙이 얼마나 말랐느냐에 따라 물 주는 양도 달라집니다. 흙이 말랐을 때에만 촉촉해질 정도로 물을 주세요. 분재 나무 위로 물을 주는 게 중요한데요, 흙이 한번 마르면 원래 상태로 되돌리는 게 매우 힘들기 때문입니다.

고운 입자를 뿜어내는 살수구가 달린 분무기를 사용해서 물을 줘야 합니다. 저는 하우즈Haws의 물뿌리개를 애용합니다. 여름에는 한낮의 열기를 피해 이른 아침이나 늦은 오후에 물을 주는 게 좋아요.

영양 공급하기

분재에 비료를 공급해주는 건 무척 중요합니다. 액체 비료든 분말 비료든 상관없어요. 액체 비료는 빠른 효과를 기대할 수 있는 반면, 영양소도 빠르게 소진됩니다. 개인적으로 분재에는 분말 비료가 더 나은 것 같아요. 천천히 효과를 내면서 오랫동안 지속되기 때문이죠.

분갈이를 끝낸 지 얼마 되지 않은 분재에는 비료를 공급해서는 안 된다는 규칙이 있어요. 적어도 첫 한 달 동안은요. 새로운 흙에 이미 충분한 영양소가 있기 때문이죠. 그렇지만 한 달이 지나면 약한 액체 비료로 영양분을 공급해줘야 합니다. 봄에는 10~12일 간격으로 액체 비료를 공급해주는 게 좋아요. 겨울에는 비료를 거의 주지 않거나 안 줘도 됩니다. 그렇지만 분재에 영양분을 공급해줄 필요가 있다고 판단했다면, 주기 전에 흙이 축축한지를 먼저 확인해주세요.

와이어링

와이어링은 나무의 몸통이나 가지를 원하는 모양대로 만들기 위한 기술입니다. 배우기 무척 어려운 기술인 데다 경험을 요구하죠. 초보자들은 일반 나무나 관목에 먼저 연습을 해서 와이어링의 강도를 조절하는 걸 익히는 게 좋습니다. 만일 너무 세게 와이어링을 한다면 와이어가 나무껍질을 파고들게 될 테고, 너무 약하게 한다면 와이어가 미끄러져 빠져나가게 될 거예요. 분재의 모양을 결정할 때엔 360도로 고려를 해야 하고, 어디에서 봐도 괜찮다는 판단이 서야 합니다.

와이어링에 앞서 나뭇가지를 구부러뜨리는 게 이상적인데요, 이렇게 하면 유연성이 증가하기 때문입니다. 대부분의 분재는 와이어링을 겨울 동안에 해주는 게 좋습니다. 모양이 고정되기까지 시간이 걸리는 데다, 12~18개월 동안은 와이어링이 된 상태로 있어야 하기 때문이죠. 꽤 오랜 시간이 걸리는 절차랍니다.

나무를 와이어링 하는 방법

나무를 와이어링 할 때는 와이어의 한쪽 끝을 흙에 박아 넣고 고정시킨 뒤 나무의 아래쪽 몸통에서부터 시작합니다. 45도 각도로 와이어링 해야 합니다. 만일 45도보다 작은 각도로 한다면 와이어가 나뭇가지를 잡아주지 못할 거예요.

전지 작업

분재 나무는 일생 동안 가지치기를 해줘야 합니다. 분재 나무를 전지하는 것에 너무 겁먹지 마세요. 나무의 성장을 돕고 모양을 잡아주며, 자연적으로는 크게 자라는 나무를 작게 유지시키기 위해서 필수적인 요소니까요. 또한 전지 작업을 해주면 실제 수령보다 더 성숙한 것처럼 보인답니다. 분재를 특정 모양으로 와이어링 할 수도 있지만, 보통은 나무가 어릴 때에만 그렇게 하죠. 일단 분재의 수령이 2년 즈음이 되면, 전지 작업을 통해 모양을 잡아주어야 합니다. 전지 작업은 조금씩 자주 해줘야 해요. 나무가 고르게 성장하도록 만들기 위해서죠.

　나뭇가지와 잔가지 그리고 잎을 어떻게 전지할지 배우는 건 분재 나무의 수명에 필수적입니다. 분재를 건강한 상태로 유지시키기 위해서는 죽거나 병든 잎을 쳐내줘야 합니다. 분형근root ball, 둥글게 형성된 뿌리과 나무 윗부분의 미묘한 성장 균형을 유지시키기 위해서는 잎의 수도 조절해야 해요. 위로만 무성하게 자라난 분재를 원치 않을 테니 말이죠.

　전지 작업을 통해 분재 나무의 이상적인 모양을 유지할 수도 있답니다. 잎의 크기를 작게 유지하고, 꽃봉오리가 맺히도록 도움도 주고요. 전지 작업 도구는 늘 날카롭고 청결한 상태를 유지시켜주세요. 더럽고 뭉툭한 도구를 사용하면 질병을 퍼뜨리거나 해충을 유인할 수 있어요. 만일 나뭇가지를 너무 많이 쳐냈다면, 분재 상처 페이스트를 환부에 발라줘야 합니다. 전지 작업을 할 때 서두르는 것은 금물입니다. 충분한 시간을 가지고 적당히 해줘야 해요. 차분함을 유지하는 게 중요합니다!

도구

모든 취미 생활과 마찬가지로, 정원사가 되기 위해 갖춰야 할 도구는 다양합니다. 특히 분재는 더욱 그렇죠. 시중에는 아름다운 일본 날을 장착한 멋진 도구들이 있어요. 그렇지만 초보자들이 처음부터 모든 도구를 갖출 필요는 없겠죠. 차츰 갖춰나가면 됩니다. 기본적으로 갖춰야 할 도구로는

전지가위와 오목한 나뭇가지 커터, 그리고 와이어 커터입니다. 분재 크기를 압도하는 지나치게 큰 도구를 구입하지 마세요. 분재 크기에 맞는 도구를 구입하셔야 합니다.

나뭇가지와 잔가지 치기

전지 작업에 앞서, 나무의 앞부분을 어디로 할지 결정하세요. 그리고 어떻게 해야 나무가 가장 자연스럽고 예쁜 모양으로 보일지를 생각하세요. 분재 스타일은 60~63쪽을 참고해주세요. 죽거나 병든 부분은 잘라냅니다. 또한 전체 몸통의 절반 아랫부분에서 삐죽 자라나는 가지들도 잘라줍니다. 나뭇가지 전지 작업을 할 때엔, 나뭇가지를 기르고자 하는 방향으로 난 잎눈 바로 위에서 잘라주는 게 중요합니다. 아래쪽으로 비스듬하게 잘라서 물을 줄 때 물이 나뭇가지를 타고 흐르도록 만들어주세요. 이렇게 해야 썩을 확률이 확연하게 줄어듭니다.

　전지 작업을 할 때 꼭 따라야 하는 규칙 하나는 유지하고자 하는 나뭇가지의 반대쪽으로 자라는 나뭇가지를 잘라내줘야 한다는 것입니다. 만일 나무 몸통에 비슷한 크기의 나뭇가지가 몇 개 자라고 있다면, 하나만 제외하고 나머지는 다 잘라주세요. 남겨진 나뭇가지는 가느다래서 나선형이 될 수 있는데, 위로 갈수록 점점 촘촘해지면서 분재 나무에서 기대할 수 있는 가장 아름다운 모양 중 하나가 되기도 합니다!

　이 규칙은 잔가지를 칠 때에도 마찬가지로 적용됩니다. 나선형을 만들기 위해 잔가지를 칠 필요가 없을 때는 제외되지만요.

나뭇잎 자르기(고엽)

나무는 건강하고 튼튼해야 하고 최소 수령이 2년은 되어야 합니다. 그러니 최근 분갈이를 했거나 전지 작업을 한 나무라면 나뭇잎을 쳐내는 걸 못 견딜 정도로 약해져 있을 수 있으니 이 작업을 해서는 안 됩니다. 나뭇잎 자르기는 새 잎이 자라나기 전인 여름의 초입에 하는 게 좋습니다. 분재 나무를 튼튼하게 만드는 비법 중 하나이기도 하죠. 나뭇잎을 잘라내면 정갈하게 자라고, 잎이 작게 맺히며, 가을에는 고운 색으로 물든답니다. 줄기에 붙어 있는 나뭇잎의 일부 혹은 전부를 잘라내는 게 할 일인데요, 나뭇잎만 쳐내서 줄기는 나무 몸통에 붙어 있게 만들어야 합니다. 이렇게 하면 나무가 가을인 줄 알고 잎의 줄기인 잎자루를 떨궈 잎눈에서 새롭고 고운 잎이 자라나게 됩니다.

분갈이 및 뿌리 치기

분재는 2~3년에 한 번만, 봄철에 분갈이를 해줍니다. 비슷한 크기나 혹은 아주 약간 큰 화분으로 분갈이를 해주면서 분재 나무의 크기를 작게 유지시켜주면 됩니다. 또 거즈 약간과 살균된 자갈 혹은 플린트 칩, 분재용 흙과 적옥토가 필요해요. 오랫동안 보살펴온 분재를 분갈이하면서 잘못 다룰 수 있다는 생각에 겁이 날 수도 있겠지만, 다음 지시사항을 잘만 따라하면 아무런 문제가 없을 거예요.

1. 새 화분이 깨끗한지 확인합니다. 그런 뒤 배수구 위에 거즈를 깔아주세요.

2. 화분의 바닥에 살균된 자갈 혹은 플린트 칩을 깔아주세요. 분재용 흙과 적옥토를 테이블스푼 2 대 1의 비율로 섞어 자갈 위에 뿌려주세요.

3. 이제 분재를 기존 화분에서 꺼낼 차례입니다. 손바닥 아랫부분으로 뿌리가 느슨해질 때까지 기존 화분의 바깥 부분을 두드려줍니다.

4. 바깥에서 안쪽으로 조심스럽게 예전 흙을 빼내고 손가락으로 뿌리를 가지런히 만들어 서로 얽혀 있지 않게 만들어줍니다. 죽은 뿌리는 뿌리 가위를 이용해 잘라내주세요. 그리고 분형근은 수령에 따라 3분의 1에서 3분의 2 정도 다듬어줍니다.

5. 분재 나무를 새 화분에 심습니다. 뿌리가 상하지 않게 신경 써 주세요. 그런 뒤 화분에 흙을 채워 넣습니다(화분의 가장자리로부터 최대 2센티미터까지 차오르게 부어주면 됩니다). 마지막에는 가장 고운 분재 흙을 깔아줍니다.

6. 분재에 물을 충분히 주고 48시간 동안은 강한 햇빛에 노출되지 않도록 합니다. 막 분갈이한 분재는 한 달 동안 비료를 줄 필요가 없습니다. 새 흙이 이미 영양분을 품고 있기 때문입니다.

분재의 여러 스타일

분재 스타일은 나무의 몸통이 화분에서 어떤 각도로 뻗어나 가느냐에 따라 분류됩니다. 위로 곧게 뻗은 것부터 계단식 또는 수평으로 자라나는 것 등 스타일은 다양하죠. 여러 스타일을 혼합한 것을 선호하거나 특정 스타일을 더 좋아할 수도 있을 겁니다.

자연 상태에서 나무는 날씨, 특히 바람과 위치한 곳의 영향을 받아 온갖 모양으로 자라납니다. 이를테면 바위가 있는 곳에서 자라는 나무라면 처음에는 공간을 확보하기 위해 바위에서 대각선으로 비스듬하게 자랄 겁니다. 그런 뒤 햇빛을 향해 똑바로 자라겠죠. 그렇지만 집에서 기르는 분재는 특정 스타일로 키우기 위해 전지 작업을 하고 와이어링을 합니다. 집 안에서 편하게 자연적인 효과를 누리는 셈이죠.

초칸Chokkan, 직간

초칸은 위로 곧게 뻗어 자라나는 스타일입니다. 가문비나무, 낙엽송, 노간주나무, 느티나무 그리고 은행나무에 적합합니다.

다른 나무와 경쟁하며 자라지 않고, 강한 우세풍에 노출되지 않으며, 충분한 영양분과 물이 공급되었다면 원뿔 모양의 몸통이 위로 곧게 뻗은 나무가 될 겁니다. 나뭇가지를 대칭형으로 기르지 않는 게 중요하고, 몸통 위쪽에 위치한 가지들은 아래쪽 가지들보다 조금 더 짧고 가늘어야 합니다. 나뭇가지는 몸통에서 가로로 뻗어나와야 하고, 나무와

화분의 균형이 잘 맞아야 합니다.

샤칸Shakan, 사간

비스듬하게 자라는 스타일로, 실질적으로 모든 종류의 나무에 잘 어울립니다. 자연 상태에서는 강한 우세풍에 노출되어야 한쪽으로 자연스럽게 기울어진 나무가 완성됩니다. 그늘에서 빛을 향해 자라는 나무 역시 마찬가지죠. 몸통은 곧게 자라거나 다소 뒤틀린 모양을 갖게 되는데, 화분과는 70~80도 정도 기울어진 상태로 자라야 합니다.

후키나가시Fukinagashi, 취류

샤칸과 마찬가지로 후키나가시 분재는 강한 바람에 노출되어 만들어집니다. 그렇지만 기울기가 더 가파르죠. 바람맞이 분재라고도 부른답니다. 마치 바람이 강한 날 바깥에 나갔을 때 머리가 사방팔방으로 날리듯 말이에요. 이 스타일은 대부분의 나무 종류에 적용할 수 있습니다.

후키나가시는 분재가 거친 자연 속에서 살아남기 위해 얼마나 애를 쓰는지 보여주는 좋은 사례이기도 합니다. 몸통은 마치 바람이 계속해서 분 것처럼 한쪽으로만 기울어 자랍니다. 나뭇가지는 온 방향으로 뻗어나가지만, 길들이면 한쪽으로만 자라나게 된답니다.

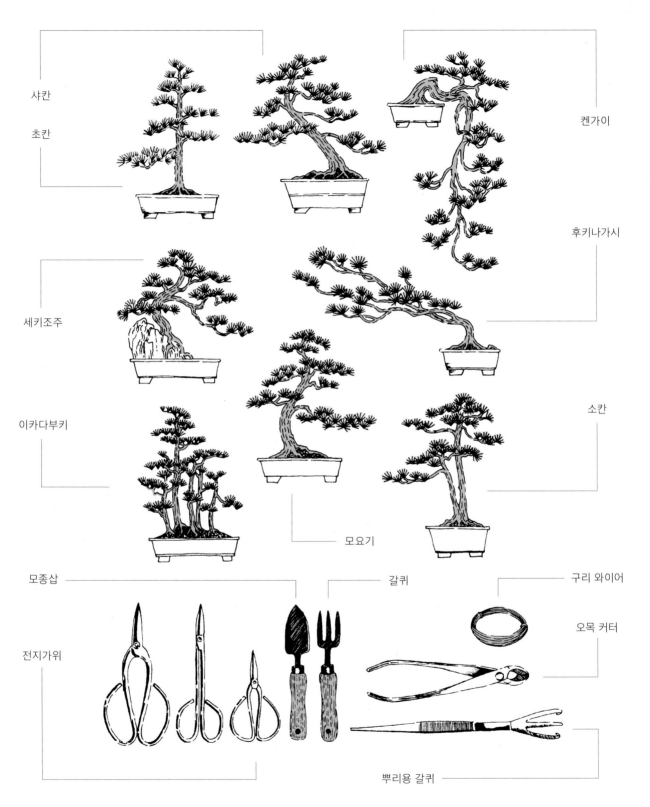

샤칸

초칸

켄가이

후키나가시

세키조주

소칸

이카다부키

모요기

모종삽

갈퀴

구리 와이어

전지가위

오목 커터

뿌리용 갈퀴

모요기 Moyogi, 곡간

격식에 얽매이지 않고 위로 뻗어나간 스타일로, 대부분의 나무 종류에 적합합니다. 몇 군데 구부러지는 곳이 있고 몸통의 아랫부분이 뚜렷하게 보여 제가 가장 좋아하는 스타일 중 하나죠. 나뭇가지는 대칭형으로 자라게 만들어주세요.

켄가이 Kengai, 현애

형식을 갖춘 계단식 스타일로 원예점에서 구입하려면 굉장히 고가를 지불해야 하는 분재 중 하나입니다. 이렇게 기르는 데 오랜 시간이 걸리기 때문이죠. 켄가이는 가파른 벼랑 끝에서 무게에 버티며 자라거나 빛이 부족한 상황 속에서 자란 나무를 본땄답니다. 즉, 분재의 꼭대기가 화분 테두리의 아래에 위치해야 한다는 뜻이죠. 켄가이 스타일의 분재를 건강하게 유지하는 건 매우 어렵습니다. 위로 자라나려는 본성에 거스르게 길러야 하기 때문이죠.

세키조주 Sekijoju, 석부작

뿌리가 돌부리 위로 자라나게 기른 스타일로, 나무의 뿌리가 바위의 빈 틈을 뚫고 영양분을 찾아 뻗어나가도록 만든 울퉁불퉁하고 거친 모양의 분재입니다. 뿌리는 금세 노출되고 아주 오래되어 보이는데요, 이런 분재 스타일의 중요한 특징입니다. 분갈이를 해줄 때 나무뿌리가 감겨 있는 바위를 나무 몸통의 일부처럼 전시하는 게 전통적인 방식입니다. 세키조주 스타일로 기르기 좋은 나무로는 뿌리가 튼튼한 단풍나무, 참느릅나무 등이 있습니다.

소칸 Sokan, 쌍간

몸통이 두 개로 뻗어난 분재로 자연 상태에서 오히려 더 흔합니다. 한 뿌리에서 두 개의 몸통이 자라난 스타일인데요, 한쪽 몸통이 다른 쪽보다 더 굵습니다. 그렇지만 분재의 경우에는 낮은 곳에서 자라나는 나뭇가지를 또 다른 몸통인 것처럼 길러 눈속임을 할 수 있죠. 이 두 번째 나뭇가지가 너무 높게 자라지 않게 주의해주세요. 소칸은 모든 종류의 분재 나무에 적합하답니다.

이카다부키 Ikadabuki, 합식

래프트 스타일로도 알려져 있으며, 모든 종류의 나무를 이런 식으로 기를 수 있습니다. 많은 나무들이 무리 지어 자라는 모습을 연출하기 좋은 방식이죠. 나무가 쓰러지면 옆으로 난 가지들이 마치 나무가 무리 지어 자라는 모습 같죠. 물론 자연 상태에서 쓰러진 나무는 옆가지들을 떨궈냄으로써 살아남지만요. 나무 몸통 간의 간격이 변하지 않도록 유지시켜주는 게 매우 중요합니다.

스태그혼 펀
플라크
만들기

박쥐란(플라티세리움)은 스태그혼 펀Staghorn Fern으로 알려진 식물입니다. 눈길을 끄는 잎의 모양이 사슴뿔을 닮았다고 붙여진 이름이죠. 스태그혼 펀은 다른 식물에 붙어 자라는 착생식물로, 주로 나무에 붙어서 자랍니다. 영양분은 공기와 물, 그리고 여러 요소를 통해 공급받습니다.

이번 [HOW TO]는 수사슴 머리 플라크의 식물 버전이랄까요? 저는 진짜 수사슴의 머리를 박제할 때 사용하는 나무판을 사용해봤습니다. 하지만 재활용 나무판을 사용해도 문제없습니다.

스태그혼 펀 플라크를 집의 중요한 자리에 걸어보세요. 이를테면 수사슴 머리 박제를 거는 벽난로 위처럼 말이죠. 스태그혼 펀은 3~4일에 한 번 정도 분무기로 물을 뿌려주면 됩니다. 이끼가 축축한 상태를 유지하게 해주세요. 양치식물의 잎이 축 처지기 시작했다면, 물을 더 주어야 한다는 신호입니다.

준비물

박쥐란

넓은 그릇

이끼 카펫

분무기

플라크(나무판)

이끼 핀

망치

1 박쥐란을 화분에서 빼낸 뒤, 손가락을 이용해 뿌리에 달라붙어 있는 오래된 흙을 떨어냅니다. 넓은 그릇에 대고 하는 게 좋습니다. 안 그랬다가는 흙이 사방으로 튀게 될 거예요! 또한 양치식물의 핵을 다치지 않게 하는 데 신경을 써야 합니다. 양치식물의 핵은 가장 하늘하늘한 부분으로 손상되기 쉽답니다.

2 이끼 카펫을 한 층 깔아주세요. 만약 이끼가 푸석하다면 다루기 쉽도록 물을 약간 뿌려주세요.

3 박쥐란의 어느 부분을 앞으로 보이게 할지 결정합니다. 그런 뒤, 가장 좋은 쪽이 보이도록 나무판 위에 대고 뿌리를 평평하게 올려줍니다.

4 박쥐란의 뿌리를 이끼로 감싸줍니다. 그런 뒤 나무판의 가장자리도 함께 감싸주세요. 좀 성가신 작업일 수 있어요. 느긋하게 하는 게 좋습니다.

5 나무판 위에 식물과 이끼가 바람직한 모양으로 자리를 잡았다면, 한 손으로 이끼를 잡고, 이끼 핀을 망치로 부드럽게 두드려 이끼를 나무판에 고정시켜줍니다. 핀이 양치식물의 뿌리를 관통하지 않게 주의해주세요. 양치식물의 뿌리는 이끼의 보호를 받아야 합니다. 이끼 핀은 뾰족하니 주의하셔야 해요! 이따금 박아 넣기 힘들 수도 있으니 인내심을 가지고 계속해서 작업해주세요.

6 나무판을 들어 올려 양치식물을 더 단단히 고정해야 할 부분이 있는지 확인해봅니다. 그리고 필요할 경우 핀을 추가로 더해주세요. 취향에 따라 이끼를 더할 수도 있겠죠. 먼저 물을 분사해준 다음 이끼 핀에 단단히 고정되어 있는지 확인해줍니다.

완성품은 해시태그 #LIVINGWITHPLANTSSTAGHORNFERN #LIVINGWITH-PLANTSHOWTO @GEO_FLEUR를 달아 업로드 해주세요.

선인장은 강인하고 아름답습니다

선인장은 집에서 기르기엔 다소 이국적인 식물처럼 비칠 수도 있답니다.
그렇지만 집에 조각상을 가져다둔 것 같은 완벽한 효과를 기대할 수 있을뿐더러
유지하기도 무척 쉬워요. 집에 반려동물을 기른다면 더더욱 적절한 선택지가 될 수 있답니다.
가시가 나 있기 때문에 바짝 다가가지 않기 때문이죠. 그렇지만 집에 어린아이가 있다면
너무 뾰족한 가시를 가진 선인장은 피하시길 바랍니다.

선인장을 보는 시선은 흑과 백처럼 뚜렷하게 둘로 나뉩니다. 어떤 사람은 매력적이라고 하는 반면, 또 어떤 사람들은 너무도 싫어하죠. 물론 선인장 가시가 손가락 끝에 박혀 몇 주고 갈 때면 저도 선인장이 밉답니다! 그래도 저는 선인장 선호파예요. 모든 선인장에 가시가 있는 건 아니랍니다. 하지만 가시자리areole라고 부르는 울퉁불퉁한 구조를 공통적으로 갖고 있어요. 여기에 가시나 털이 무성히 난 다발이 자라나죠. 이따금 이걸 털이라고 부르기도 하는데, 마치 펠트 같은 질감을 느낄 수 있습니다. 하지만 주의하세요. 이것들도 뾰족하기긴 마찬가지니까요.

선인장의 멋진 점은 여러분이 몇 년이고 식물의 주인으로서의 임무를 다하지 않더라도 잘 견뎌낸다는 사실이에요. 그러다가 어느 날 문득 꽃을 피워 놀라게 하죠. 선인장이 어쩌다가 한 번만 꽃을 피운다는 건 잘못된 믿음입니다. 건강한 선인장의 절반 가까이는 제대로 관리만 해주었다면 세 번째 해에 꽃을 피웁니다. 선인장을 여름에 관리하고 겨울에 방치함으로써 새로이 자라나게 할 때, 선인장은 반드시 꽃을 피웁니다. 또한 선인장의 뿌리가 화분에 꽉 차게 자랐을 때

꽃이 더 잘 핀다고 하죠. 몇몇 키가 큰 칸델라브라 타입의 선인장과 백년초는 꽃이 피는 데 시간이 좀 더 걸려요. 하지만 충분히 기다릴 만한 가치가 있답니다. 제가 보장해요!

선인장을 기를 때 절대 해서는 안 되는 유일한 것은 바로 축축하고 서늘한 곳에 놓는 거예요. 그런 환경에서는 결코 살아남지 못합니다. 선인장은 실내에서 기르는 게 가장 좋고, 열이 도는 온실에서 기르면 쑥쑥 자라날 겁니다. 선인장은 비교적 최근에 실내 식물로 자리 잡았는데요, 선인장을 전문적으로 모으는 사람들은 다양한 종류의 선인장을 온실이나 일광욕실에 배치합니다. 이런 공간이 없어도 처음으로 실내 식물을 기르는 사람들에게, 선인장은 시작하기에 아주 좋은 식물군 중 하나예요. 분무기로 가볍게 물을 뿌려주고 어쩌다 한 번만 물을 주면 되기 때문이죠.

선인장은 크게 두 종류가 있는데요, 하나는 숲 선인장이고 다른 하나는 사막 선인장이에요. 사막 선인장은 가시로 뒤덮여 있는 반면, 숲 선인장은 삼림 지대 혹은 정글 속 나무들에 바짝 붙어 자라난답니다.

선인장은 기르기도 돌보기도 쉬워요.
물을 적게 줘도 되기 때문이죠.
선인장은 태양을 사랑합니다.
그래서 창가에 두거나 빛이 잘
드는 곳에 배치하기에 알맞습니다.
그곳에서 낮 동안 햇살을 충분히
받을 수 있도록요.

선인장의 종류

사막 선인장

사막 선인장은 미국의 따뜻한 반사막 지대가 원래 집이에요. 이름과는 달리, 모래에서만 생존이 가능한 선인장은 몇 없답니다. 대부분의 선인장이 이 그룹에 속하고, 종류도 무척 다양하죠.

사막 선인장이 무럭무럭 자라나기 위해서는 봄~가을 동안은 실내 온도를 유지해주고, 겨울에는 10도 밑으로 떨어지게 해서는 안 됩니다. 집 안에서 가장 햇빛이 잘 드는 곳에 두세요. 만일 선인장을 온실에서 기른다면, 가장 더운 시기에는 약간의 가림막이 필요합니다.

미지근한 물을 주되, 봄에 더 자주 물을 주세요. 겨울엔 쪼글쪼글해지지 않도록 물을 적게 줘야 합니다.

분갈이는 사막 선인장이 어릴 때 해주는 게 좋습니다. 이를테면 화분에서 넘쳐나서 공간이 조금 더 필요할 때처럼 꼭 필요할 때에만 분갈이를 해주세요. 사막 선인장은 손길이 많이 가는 걸 좋아하지 않아요. 113쪽을 참조해 선인장 분갈이하는 법을 익혀보세요.

선인장의 꺾꽂이 순을 구하기는 무척 쉬운데요[132쪽], 새로 심기 전에 며칠 동안은 마르도록 두세요.

숲 선인장

전형적인 숲 선인장들은 잎 같은 모양의 줄기가 있고 아주 느리게 자란다는 특징이 있습니다. 저는 갈대선인장(립살리스)을 가장 좋아하는데요, 착생 선인장의 한 속입니다(나무 위에서 자라죠). 잘 자라고 있을 때 환상적인 꽃을 피우죠. 갈대선인장이 꽃피게 하기 위해서는 선선하고 건조한 휴면기를 갖도록 해야 합니다. 그리고 일단 꽃봉오리가 돋아나면 절대로 위치를 바꿔서는 안 돼요.

숲 선인장을 최선의 상태로 유지하기 위해서는, 최적 온도인 13~21도를 맞춰줘야 합니다. 빛이 잘 드는 곳에 놓되, 직사광선은 피해주세요. 휴면기가 끝나면 물 주는 양을 늘려주세요. 그리고 꽃이 피었을 때엔 다른 실내 식물과 마찬가지로 돌봐주면 됩니다. 무럭무럭 자랄 때엔 넉넉하게 물을 주는데, 흙이 마르기 시작할 때 물을 주면 됩니다. 잎에도 분무기로 자주 물을 뿌려주세요.

숲 선인장은 꽃이 진 뒤에 분갈이를 해주는 게 가장 좋아요. 번식시키기도 쉬운데요, 꺾꽂이 순을 화분에 꽂기 전에 며칠 동안 충분히 말려주는 걸 잊지 마세요. 113쪽을 보고 선인장 분갈이를 어떻게 하는지 익혀보세요.

다육식물로 창턱을 밝히세요

게으른 실내 정원사들에게 안성맞춤인 식물은 바로 다육식물입니다.
다육식물은 생김새도 무척 예쁘고, 선인장처럼 기르기도 정말 쉽습니다.
다양한 크기와 모양을 찾아볼 수 있어서 인스타에 올리기도 좋죠.
선반 위나 창턱 위에 점점이 몇 개를 올려둬보세요. 사진 찍기에 아주 완벽한
연출이 나온답니다! 멋진 유리 테라리엄의 중심으로 심기에도 완벽합니다134~137쪽.

많은 사람들이 다육식물과 선인장을 똑같다고 생각합니다. 선인장이 다육식물과에 속한다고 말이죠. 비록 절반 이상의 선인장이 다육식물이긴 하지만, 선인장이 아닌 다육식물도 훨씬 많답니다. 가장 큰 차이점은 선인장은 털이나 가시가 자라나는 울퉁불퉁한 부분인 가시자리가 있다는 점입니다. 반면 다육식물들은 가시자리가 없죠. 선인장이 아닌 다육식물들은 선인장과는 약간 다른 성장 환경이 필요합니다. 선인장보다 손이 조금 더 가지만, 그래도 무척 수월하게 보살필 수 있는 편이에요.

다육식물을 구분하는 법은 아주 간단합니다. 두툼하고 살집이 있는 잎 혹은 줄기가 있죠. 많은 다육식물들이 장미 모양을 하고 있으며 잎이 빡빡하게 나 있습니다. 이런 모양은 자연 서식지에서 물을 보관하는 데 도움이 되죠.

신기하게도, 약 40개 식물군에 적어도 한 개의 다육식물이 속해 있답니다. 그러니 시중에서 구할 수 있는 다육식물의 종류가 수백 개에 달하는 것도 놀라운 일은 아니죠. 독특한 모양은 둘째 치고라도, 멋진 잎 패턴과 색상, 꽃을 가진 다육식물이 많습니다. 최근 들어 다육식물을 기르는 게 유행이 되고 있는데요, 손이 적게 가고 빛을 좋아하기 때문인 것 같아요. 에케베리아나 바위솔(셈페르비붐, 하우스릭)로 시작하는 건 어떨까요? 이 두 식물은 다른 식물 없이도 흥미로운 그룹을 만들 수 있고, 모양이 다양해 모으는 재미도 있죠.

다육식물은 아이들이 기르기에도 아주 좋습니다. 오랫동안 잊고 있어도 잘 버텨내고, 번식시키기도 쉽기 때문이죠. 아이들에겐 이보다 더 재미있을 수 없을 겁니다. 오프셋offset이나 잘라낸 잎132쪽을 2~3일 동안 말린 뒤에 심어보세요. 물은 가끔만 주고 반드시 햇빛을 볼 수 있게 해줘야 합니다.

다육식물
보살피기

다육식물은 실온에서 길러주세요. 겨울에는 10~13도 정도가 이상적입니다. 다육식물은 밝은 창턱을 좋아하는데요, 특히 남향일 경우 무척 좋아합니다. 그렇지만 너무 더운 날에는 약간의 가림막이 필요할 거예요. 그래서 다육식물은 창이 있는 욕실에서 기르기에 안성맞춤입니다. 봄에서 가을 동안에는 물을 아래쪽에서 주도록 합니다. 그리고 흙이 완전히 마르기 전에 다시 물을 주지 마세요. 겨울에는 실질적으로 방치해두면 됩니다. 한두 달에 한 번만 물을 주세요. 다육식물이 죽는 가장 큰 이유는 과도한 물 주기입니다. 다육식물은 물을 거의 필요로 하지 않아요. 다육식물에게 물을 주는 가장 좋은 방법은 분무기로 잎에 물을 뿌려주는 것입니다. 특별히 말라 보인다면 2주에 한 번꼴로 화분 아래서부터 물을 충분히 주면 됩니다.

다육식물이 말 그대로 화분에서 넘쳐날 때 분갈이를 해주세요. 약간 큰 화분으로 옮겨주기만 하면 됩니다.

코케다마
만들기

코케다마는 일본식 모스볼moss ball 걸이입니다. 화분에 식물을 심는 대신, 뿌리를 이끼로 둥글게 감싸 공 모양으로 만들어 끈으로 매다는 것이죠. 코케다마와 잘 어울리는 식물로는 보스턴고사리(네프롤레피스 엑살타타)와 공작고사리(아디안툼) 등이 있습니다.

저는 이따금 액자 걸이에 코케다마를 매달곤 하지만, 커튼레일에 걸어도 보기 좋답니다. 양치식물은 습한 것을 좋아하기 때문에, 코케다마는 욕실이나 햇빛이 드는 온실에 걸어두기에 아주 좋습니다. 코케다마에 물을 줄 때엔 모스볼을 물이 담긴 그릇이나 싱크대에 잠기게 하면 됩니다. 식물이 위로 향하게 담가주세요. 식물의 줄기가 물에 들어가서는 안 됩니다. 모스볼만 잠겨야 해요. 10~20분 동안 혹은 충분히 젖을 때까지 물에 담가둡니다. 코케다마를 물에서 빼낸 뒤 모스볼을 부드럽게 짜내서 남아도는 물기를 제거합니다. 이제 하나 만들어볼까요?

준비물

*1스쿠프=약 20그램

적옥토 1스쿠프

존 이니스John Innes 흙 2스쿠프

아이리시 피트모스 2스쿠프

커다란 그릇

공작고사리(아디안톰)와 같은 양치식물

약 30센티미터의 사각형 이끼 카펫 한 장

노끈 또는 금속 와이어

1 적옥토 1스쿠프, 존 이니스 흙 2스쿠프, 그리고 아이리시 피트모스 2스쿠프를 그릇에 넣습니다. 좀 더 큰 코케다마를 만들 때나 여러 개를 만들고자 할 경우에는 세 가지 재료의 비율을 유지해서 제작하면 됩니다. 고르게 섞일 때까지 잘 섞어줍니다.

2 배합물에 물을 조금씩 부어가면서 섞어주세요. 배합물이 서로 점착되어 흐르지 않고 똑똑 떨어지는 상태에 이르면 된 겁니다. 한 번에 너무 많은 물을 붓지 마세요. 남아도는 물을 제거하기 어렵기 때문입니다.

3 식물을 화분에서 꺼내어 부드럽게 흙을 떨어냅니다. 좀 더 세심하게 손가락으로 흙을 떼어내도 좋겠죠. 뿌리가 거의 노출될 때까지 해줍니다. 이렇게 하는 것이 식물에 손상을 가하는 건 아닌가 생각될 수도 있지만, 걱정 마세요. 상해를 입히고 있는 게 아니랍니다.

4 손으로 뿌리 부분을 축축한 배합물로 감싸줍니다. 모든 방향에 2센티미터 두께의 층이 고루 생기도록 공 모양으로 만들어줍니다. 크기는 식물이 원래 있던 화분의 크기만큼이면 됩니다. 공 모양의 흙을 꽉 짜내어 물기를 제거해줍니다.

5 이끼 카펫 한 장을 깔아줍니다. 흙으로 감싼 양치식물의 뿌리를 이끼 카펫의 한가운데에 위치시키고 이끼 카펫으로 감싸주세요. 이끼 카펫을 끌어 모아줍니다. 배합물이 전부 다 감싸져야 합니다. 이끼는 공 모양의 흙을 단단히 둘러싸고 있어야 하지만, 너무 세게 들러붙어 있어서는 안 됩니다. 이 경우 성장이 저해되고 식물의 뿌리를 짓누를 수 있습니다.

6 모양을 잡아주기 위해 노끈으로 모스볼을 둘러줍니다. 공의 윗부분에서부터 시작해서 온 방향으로 다 둘러서 단단히 묶였는지 확인해줍니다. 노끈을 모스볼의 윗부분에서 두세 번 두르고 매듭을 짓습니다. 식물의 줄기 부분에서 묶지 않도록 주의하세요. 이끼 주변을 둘러서만 묶어야 합니다. 이중 매듭을 지어 튼튼하고 단단하게 여며줍니다.

7 마지막으로 고리를 만들기 위해 별도의 노끈을 원하는 길이만큼 자릅니다. 노끈의 한쪽을 모스볼을 두르고 있는 노끈에 매듭지어 연결합니다. 다른 한쪽도 모스볼의 다른 한쪽에 연결되게 작업하면 됩니다. 이제 자랑스럽게 여러분의 코케다마를 매달 시간입니다!

완성품을 #LIVINGWITHPLANTSKOKEDAMA #LIVINGWITHPLANTSHOW-TO @GEO_FLEUR 해시태그를 달아 업로드 해주세요.

양치식물은 실내에 싱그러움을 더해줍니다

양치식물은 손이 많이 가기는 해도 제대로 관리만 해준다면 일 년 내내 풍성한 녹색 잎으로
기쁨을 선사하는 식물입니다. 오른쪽 사진의 아스플레니움(아스플레니움 니두스, 새둥지고사리)은
집 안에서 기르기 아주 좋을뿐더러, 생김새도 다른 양치식물과는 조금 다르답니다.
양치식물이 무럭무럭 잘 자라려면 수분이 매우 중요한데요,
건강하다면 창날처럼 생긴 매력적인 잎이 반짝반짝 윤이 날 거예요.

양치식물은 빅토리아 시대에 크게 유행했습니다. 많은 양치식물들이 온실, 테라리엄, 혹은 유리 케이스에서 길러졌죠. 석탄불에 쉽게 훼손되는 탓에 인기가 사그라들었지만, 중앙난방이 도입되면서 양치식물의 인기는 되살아나고 있습니다.

대부분의 양치식물은 어렵지 않게 기를 수 있지만, 관심을 많이 쏟아줘야 합니다. 2주 정도 휴가를 떠나면서 그 존재를 잊어버린다면 상태가 나빠질 거예요. 양치식물의 흙은 결코 말라서는 안 되고, 주변 공기도 촉촉한 상태를 유지해야 하죠. 주로 욕실에서 기르기에 좋답니다. 만일 다른 곳에 둔다면 규칙적으로 분무기로 물을 뿌려주세요.

많은 양치식물들은 길게 갈라진 아치형의 잎으로 장미 모양을 구성하고 있습니다. 아주 아름다운 잎을 구경할 수 있죠. 이 잎들은 섬세하며, 넉넉한 공간이 필요합니다. 따라서 양치식물을 다른 식물들과 함께 배치할 때엔 자라날 공간을 충분히 확보해줘야 합니다. 만일 잎이 죽는다면, 새 잎이 돋아날 수 있게 죽은 잎을 제거해야 합니다.

제가 가장 좋아하는 양치식물은 보스턴고사리(네프롤레피스 엑살타타)와 아스파라거스 고사리(아스파라거스 세타세우스)입니다. 공작고사리(아디안툼)는 겨우 3위에 올랐는데요, 다른 양치식물과는 달리 물을 주는 것을 잊어버리면 잎사귀가 금세 바싹 마르기 때문이죠.

양치식물
건강하게 기르기

양치식물은 훈훈한 온도에서 길러주세요. 16~21도가 적당합니다. 대부분 양치식물이 그늘을 좋아한다고 생각하지만, 사실이 아니랍니다. 양치식물은 햇빛에 간접적으로 노출되는 걸 좋아해요. 동쪽 혹은 북쪽으로 난 창턱에 두는 게 이상적입니다. 양치식물은 또한 습도를 유지시켜주는 게 중요한데요, 규칙적으로 물을 뿌려주는 것을 잊으면 안 됩니다. 아래쪽에서부터 물을 주고, 흙이 마르지 않게 해주세요. 그렇다고 흙이 눅눅해야 한다는 뜻은 아닙니다. 눅눅하면 썩을 수 있어요. 그저 촉촉한 상태를 유지시켜주세요. 겨울에는 물을 많이 줄 필요가 없습니다. 추운 시기에는 물을 상대적으로 잘 흡수하지 못합니다. 대부분의 양치식물은 빠르게 자라며 매년 분갈이108~113쪽 가 필요합니다. 줄기나 잎에 흙이 묻지 않게 주의해야 합니다. 자칫 썩을 수 있어요.

위 왼쪽 공작고사리(아디안툼)는 지속적인 물기를 필요로
합니다. 기르기가 다소 까다로울 수 있지요. 이렇다 보니
테라리엄에서 기르기에 딱 맞는답니다.

위 오른쪽 아스파라거스 고사리(아스파라거스 세타세우스)는
양치식물 중에서도 기르기 쉬운 편입니다(그렇지만 마찬가지로
무관심을 못 견디죠!). 잎사귀들이 부드럽게 떨어지는 아치형을
이루어 바구니에 걸어놓으면 아주 멋지답니다.

브로멜리아드 & 기생식물은
환상적인 분위기를 만들어냅니다

집 안에서 기르는 식물의 다수는 열대지역에서 왔습니다. 그렇지만 브로멜리아드처럼
이국적인 식물은 없을 겁니다. 보통 기생氣生식물이라고 부르는
틸란드시아속 식물을 포함하여 여러 식물들이 두루 브로멜리아과에 속합니다.

브로멜리아드

일반적으로 브로멜리아드라고 하면 잎이 장미 모양으로 난 종을 일컫죠. 다채로운 색의 포엽, 즉 꽃잎처럼 보이는 변형된 잎이 난답니다. 장미 모양으로 난 잎은 마치 화병처럼 물을 담고 있는데요, 자연 서식지인 미주대륙의 열대림에서 빗물을 흡수하기 위해서입니다.

브로멜리아드는 기르기 쉽습니다. 중요한 건 마치 빗물이 쏟아져 고이는 것처럼 식물의 화병 모양 부분(워터 탱크)에 물을 줘야 한다는 겁니다. 그곳에서 꽃잎 모양의 포엽이 자라나기 때문입니다. 많은 브로멜리아드는 착생식물로 다른 식물에 붙어서 자랍니다. 착생식물은 공기와 물, 그리고 화병 모양 부분에 떨어지는 모든 종류의 잔해로부터 영양분을 흡수해 무럭무럭 자랍니다. 뿌리는 그저 위치를 고정하기 위해서만 존재하죠. 21도가량의 훈훈한 환경에서 키우는 게 좋습니다. 너무 추운 곳에 두지 마세요. 브로멜리아드가 견딜 수 있는 최저 온도는 10도가량입니다.

기생식물

틸란드시아는 1970년대에 한창 유행했다가 최근 들어서 다시 붐이 일고 있죠. 패션과 마찬가지로 식물과 가드닝 스타일도 유행이 반복되기 마련입니다. 수많은 블로거와 인테리어 디자이너들이 기생식물을 활용해 독특하고 환상적인 디스플레이를 선보이고 있습니다. 가정 용품이나 도자기를 파는 작은 가게도 기생식물을 들여놓기 시작했죠. 물론 전문적인 원예가와 같은 지식은 없겠지만 말이에요. 인터넷으로도 기생식물을 주문할 수 있습니다. 배송되는 과정에서도 잘 견디거든요. 그렇지만 직접 눈으로 보고 건강 상태를 점검한 뒤에 구매하는 게 가장 좋습니다.

구매하기에 앞서 다양한 기생식물 중 어떤 것이 가장 좋을지 살펴보고 골라야 합니다. 질감과 모양, 색을 보고 취향에 맞는 기생식물을 고르세요. 꽃이 만개했거나 막 피려고 하는 기생식물을 보면 사고 싶은 마음이 강하게 들 텐데요, 꽃은 영원하지 않으니 전체적으로 만족스러운 모양과 형태를 갖춘 식물을 골라야 합니다.

쪼글쪼글해지거나 갈색이 도는 틸란드시아를 구매하면 안 됩니다. 죽어가고 있는 것일지도 모르거든요. 그렇지만 뿌리 부근이 갈색이고 썩은 것처럼 보이는 것은 정상이니 괘념치 않아도 됩니다.

기생식물에 물 주기

———

기생식물은 스펀지 같답니다. 스펀지에 꾸준히 물을 뿌려주면 촉촉한 상태가 유지되죠. 그렇지만 스펀지가 완전히 마른 뒤라면 다시 촉촉하게 만들기 위해서는 전체적으로 흠뻑 적셔줘야 합니다. 기생식물도 마찬가지예요. 올바르게 물을 주는 게 무엇보다도 중요합니다. 그렇다 보니 기생식물은 욕실에서 기르기 가장 좋은 식물이라고 할 수 있어요.

틸란드시아속 식물에 물을 주는 방법은 다양한데요, 어떤 종류의 기생식물에 어떻게 물을 주어야 할지 헷갈릴 수도 있습니다. 또한 기생식물은 물이 전혀 필요 없다는 말들이 있는데, 틀린 말이에요. 모든 식물은 광합성을 위해 공기와 함께 물이 필요합니다.

기생식물은 다음 세 가지 방법으로 물을 줄 수 있어요. 분무, 적시기, 담그기. 적시거나 담그는 방식으로 물을 줄 때에는 다시 물을 주기 전에 충분히 말랐는지 확인해주세요. 안 그러면 상할 수가 있어요.

1. 분무는 기생식물을 빼낼 수 없는 화분이나 장식장에서 기르는 경우에 적합한 물 주기 방식입니다. 다만 매일같이 분무하는 것을 잊지 마세요. 만약 기생식물이 분무를 통해서만 물을 얻을 수 있다면 충분히 젖도록 분무해줘야 합니다. 가구나 전자제품 위로 물이 날리지 않도록 주의하세요.

2. 세로그라피카(틸란드시아 세로그라피카)처럼 몇 분 동안 물이 담긴 그릇에 충분히 담가두는 게 좋은 식물도 있습니다.

3. 기생식물을 물이 담긴 그릇에 1시간 동안 담가둘 수도 있는데요, 식물이 완전히 다 잠기게 해주세요. 좀 더 오랫동안 해갈해줄 수 있고, 1주일에 한 번 정도만 해주면 된답니다.

서로 다른 모양, 질감, 크기의 식물을 한데 모아
식물 무리를 만들어보세요. 플라스틱 화분과
테라코타 화분도 섞어보고요!

세로그라피카
삼각 홀더
만들기

세로그라피카는 그 자체로도 멋진 식물이지만, 모양을 잡거나 홀더에 걸어주면 마법 같은 효과를 기대할 수 있어요. 이 놋쇠 홀더는 여러분의 세로그라피카를 무척 돋보이게 해줄 거예요.

저는 세로그라피카 삼각 홀더를 선반 같은 곳에서 튀어나오게 두는 걸 좋아하지만, 낚싯줄에 매달아 창가나 출입구에 걸어도 좋습니다. 구리 또는 놋쇠 파이프는 철물점에서 어렵지 않게 구할 수 있어요. 이번 [HOW TO]에 필요한 다른 도구들도 마찬가지입니다.

준비물

자

길이 1미터, 지름 3센티미터의 구리 또는 놋쇠 파이프

쇠톱

와이어 커터

1밀리미티 굵기의 구리 와이어 한 타래

세로그라피카(틸란드시아 세로그라피카)

1 파이프를 10센티미터 3개, 13센티미터 3개씩 쇠톱을 이용해 자릅니다.

2 와이어 커터를 사용해 구리 와이어를 2미터 길이로 잘라주세요.

3 10센티미터 파이프들을 구리 와이어로 꿰어줍니다. 파이프의 한쪽 끝으로 와이어 한쪽을 1.5미터가량 남깁니다. 와이어와 파이프의 가장자리가 모두 날카로우니 주의하시기 바랍니다.

4 파이프를 연결 부분에서 꺾어 삼각형 모양으로 만듭니다. 그런 뒤 연결 부분에 와이어를 감아 고정시킵니다. 삼각형 홀더의 기초가 마련되었습니다.

5 13센티미터 파이프 2개를 와이어의 긴 부분에 끼웁니다. 연결 부분에서 꺾어서 또 다른 삼각형 모양을 세워 올립니다.

긴 파이프와 짧은 파이프가 만나는 부분에서 와이어를 감아 고정시켜줍니다.

6 방금까지 작업하고 있던 와이어의 긴 부분을 세 번째 파이프를 연결하지 않은, 짧은 기초 파이프의 연결 부분에 통과시켜줍니다.

7 마지막 파이프를 이 와이어에 꿰어줍니다. 와이어를 위의 연결 부분에서 여러 번 돌돌 감싸서 모든 파이프가 단단히 고정되어 와이어에서 미끄러지지 않게 만들어주세요.

8 모서리의 남는 와이어는 잘라냅니다. 그리고 끝부분을 파이프 안쪽으로 밀어넣어 숨겨주세요. 세로그라피카를 원하는 위치에 매달아보세요!

완성품은 #LIVINGWITHPLANTSHOLDER #LIVINGWITHPLANTSHOWTO @GEO_FLEUR 해시태그를 달아서 업로드 해보세요.

3장

도구, 자재
&
기본 기술

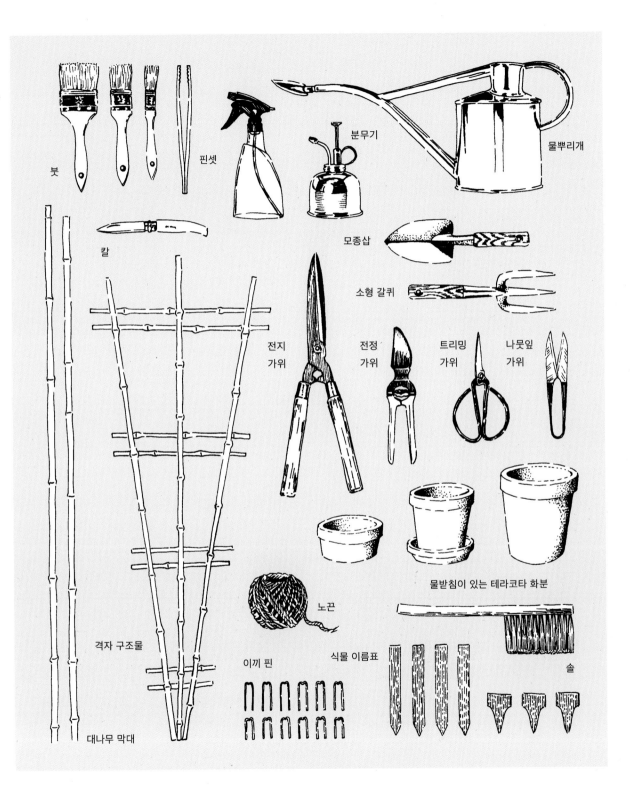

붓

핀셋

분무기

물뿌리개

칼

모종삽

소형 갈퀴

전지
가위

전정
가위

트리밍
가위

나뭇잎
가위

물받침이 있는 테라코타 화분

격자 구조물

노끈

이끼 핀

식물 이름표

솔

대나무 막대

슬기로운 가드닝을 위한 기본 도구

식물을 돌보는 데에는 일련의 다양한 도구가 필요합니다.
어떤 건 너무 비싸서, 정말로 자신만의 도심 속 정글을 만들었을 때에나 구입할 엄두를
낼 수 있죠. 저는 처음에 주된 도구 몇 개만 가지고 식물 돌보기를 시작했어요.
이것만 갖추면 식물 가꾸기를 시작할 수 있습니다.

필수 아이템

실내 가드닝을 시작하려면, 식물을 기를 화분과 컨테이너가
여러 개 필요합니다. 기본적인 플라스틱 화분 혹은 테라코타
화분은 필수입니다. 다양하고 사랑스러운 도자기 화분도 많
이 있지만, 구입 시에 배수구가 있는지 확인해야 합니다. 특
히 양치식물이나 충분한 물을 필요로 하는 식물을 기른다
면 말이죠.

　화분의 크기를 잴 때엔 윗부분의 테두리 안쪽을 가로질러
서 지름을 측정합니다. 제 생각에는 가장 쓸모가 있는 크기
는 일반적으로 6.5센티미터, 9센티미터, 12센티미터, 그리고
18센티미터가 아닐까 해요. 다 자란 식물을 위해 조금 더 큰
화분이 필요할 수도 있답니다. 또한 화분을 세워둘 받침이

나 쟁반이 필요할 거예요. 그래야 아래쪽에서 물을 주는 것
도 가능하고, 화분에서 아름다운 가구로 물이 떨어지는 걸
방지할 수도 있답니다. 배수구가 있는 화분을 장식용 화병
안에 넣을 수도 있는데요, 이 경우에는 식물이 물에 둥둥 떠
다니지 않도록 주의해야 합니다. 물을 위에서 주든 아래에
서 주든 안쪽의 화분을 한 시간 정도 뒤에 빼내어 화병 안에
남아 있는 물기를 따라내야 합니다. 지나치게 오랫동안 식
물을 물 안에 방치해두면 쉽게 죽어버릴 수 있어요. 보통 이
런 식으로 많이 죽이기도 하고요. 뿌리가 썩게 되거든요. 만
약 확신이 서지 않는다면 물을 적게 주는 것도 방법이에요!
마지막으로 식물의 습기를 올려줄 수 있도록 분무기가 필요
하답니다.

식물을 모으기 시작했다면 유지하는 데 필요한 도구들도 갖춰야겠죠. [HOW TO] 프로젝트를 수행하려면 특수한 도구가 몇 가지 더 필요하지만 여기에서는 우선 일반적인 도구 목록을 살펴보도록 할게요.

길고 섬세한 노즐을 갖춘 물뿌리개 저는 하우즈Haws의 물뿌리개를 아주 좋아한답니다. 클래식한 스타일에 색상도 예쁘고 크기도 다양하기 때문이죠. 제가 가장 좋아하는 건 구리로 만든 거예요. 하우즈는 황동이나 은으로 된 아름다운 분무기도 만들고 있어요. 물론 플라스틱 물뿌리개로 물을 줘도 된답니다. 식물에 비료를 분사하거나 전염병을 관리할 때 플라스틱 물뿌리개를 쓰기도 하죠. 그렇지만 이 경우 물을 주는 물뿌리개와 혼용해서는 안 됩니다. 자칫하다가는 식물의 상태가 나빠질 테니까요!

식물용 가위 혹은 손잡이가 긴 가위 시든 꽃을 잘라내거나 가지를 칠 때, 전지 작업을 할 때 매우 유용하답니다.

뿌리 가위 분갈이를 하거나 식물을 번식시킬 때 매우 좋은 도구입니다.

작은 붓 남아도는 흙이나 자갈을 식물에서 털어내는 데 간편하게 쓸 수 있는 도구입니다.

대나무 막대와 격자 구조물 식물을 지지해주고 특정 공간으로 유도하는 데 이상적입니다.

이끼 핀 이끼를 한데 모아 고정하는 데 유용합니다.

끈 혹은 정원용 끈 식물을 고정하는 데 유용합니다.

식물 이름표 다양한 식물을 기억하고 판별하기 위해, 그리고 심은 날짜를 기억하기 위해 사용합니다.

젓가락 혹은 핀셋 선인장을 다룰 때 꼭 필요합니다.

식물에 맞는 화분용 흙을 써주세요

식물에 맞는 생육배지를 사용하는 것은 매우 중요합니다.
식물마다 필요로 하는 영양분이 다르거든요. 키우는 식물에 맞지 않는 흙이나 배합물을
사용하지 마세요. 식물에 해로울 뿐 아니라 자칫 죽일 수도 있습니다.

안타깝게도 집 안에서 식물을 기르고자 할 때에 일반 정원의 흙을 쓸 수는 없어요. 잡초의 씨앗이 들어 있는 데다가 전염병이나 질병을 품고 있을지도 모르기 때문이에요. 이런 걸 집 안에 들이고 싶진 않으시겠죠! 대신 목적에 따라 제작된 화분용 배합물(배양토)을 구입해 사용해야 합니다.

화분용 배합물에는 크게 두 종류가 있어요. 흙이 들어간 것과 들어가지 않은 것이죠. 배수를 돕기 위해 아주 작은 돌이나 모래가 더해지기도 해요. 또 특정 종류의 식물에 맞춰서 나온 특수한 생육배지도 있답니다. 이를테면 대부분의 브로멜리아드는 착생식물, 즉 나무 등 다른 식물에 붙어서 자라는 식물로 평범한 흙에서는 자랄 수가 없답니다. 썩은 채소나 나무의 갈라진 틈에 축적된 나무껍질에서 영양분을 섭취하죠. 따라서 브로멜리아드 전용 배합물이 필요합니다. 선인장과 다육식물도 배수가 잘되는 선인장 전용 흙이 필요합니다.

약 1940년까지 다양한 화분 배합물이 사용되었습니다. 과학적인 지도 없이 정원사들이 자기 나름의 배합물을 만들어야 했기 때문이죠. 질도 제각각이었고 비위생적인 동물의 배설물도 사용되었습니다. 그 결과는 당연히 믿음직하지 못

했고 식물의 질병도 흔한 문제였답니다.

식물을 기르는 사람들에게 필요한 화분용 배합물을 표준화하고 그 종류를 줄이기 위해서, 영국의 존 이니스 호리컬처럴 인스티튜트 John Innes Horticultural Institute의 두 연구원은 식물의 성장 단계에 맞춘 네 종류의 배합물을 제작할 수 있는 일련의 공식을 만들었어요. 씨앗을 심거나 꺾꽂이를 할 때 쓰는 존 이니스 씨앗용 배합물132-133쪽; 어린 묘목과 뿌리 내린 꺾꽂이 순용 존 이니스 No.1; 일반적인 화분 및 대부분의 중형 크기 식물용 존 이니스 No.2; 그리고 대형 혹은 보다 성숙한 식물용 존 이니스 No.3가 있습니다. 이 네 배합물의 공식은 1939년에 발표되어 오늘날 대부분의 영국 상업용 화분 배합물의 기준이 되고 있습니다. 이 배합물들은 또한 전염병과 질병을 제거하기 위해 살균 처리가 되어 있죠.

기업을 비롯해 미국의 여러 대학에서도 화분 배합물을 만들기 위한 최적의 배합을 찾기 위해 연구를 했답니다. 그렇지만 미국에는 영국과 같은 표준화된 시스템이 없죠. 따라서 다양한 배합물을 구입해서 써보고 식물의 종류와 성장 단계에 맞는 적절한 배합물을 경험적으로 찾아내는 것을 권해드리고 싶네요. 아니면 존 이니스 공식을 이용해서 배합물

을 직접 만들어볼 수도 있겠죠. 이 공식은 인터넷으로 쉽게 찾아볼 수 있답니다. 다만 일반적으로 다목적용, 집 안 식물용 혹은 양토loam, 상토라고도 하며 모래와 실트, 점토가 적당히 혼합된 흙를 베이스로 한 배합물은 대부분의 실내 식물들에게 잘 맞습니다. 만일 확신이 서지 않는다면 원예점에 물어보거나 인터넷으로 먼저 정보를 찾아보세요.

흙을 베이스로 한
배합물
———

흙을 베이스로 한 배합물 속의 흙은 전통적으로 양토를 사용합니다. 자연적으로 발생하는 흙으로, 모래와 진흙, 부엽토로 구성되어 있죠. 양토는 영양소가 풍부하고 습기를 머금고 있으면서도 물이 잘 빠진답니다. 흙을 베이스로 한 몇몇 배합물은 더 이상 양토로 만들지 않지만, 양토로 만든 것만큼 좋지 않기 때문에 저는 양토를 베이스로 한 배합물을 사용하는 걸 추천 드려요. 양토는 더 고운 입자로 쪼개져서 살균 과정을 거칩니다. 이 배합물은 습기를 유지하기 위해서 만들어졌으며 비료도 추가되었습니다. 식물을 제 위치에

고정시키는 데도 이상적이죠. 흙을 베이스로 한 배합물을 사용할 때엔 잘 다져지도록 흙을 꼭꼭 눌러주세요.

흙이 없는
배합물
———

흙이 없는 배합물은 전통적으로 토탄(피트모스)을 사용해 만듭니다. 토탄은 매우 부드럽고 자연적으로 발생하는 영양소와 습기가 풍부한 성장 매개로, 이탄 지대에서 채취합니다. 이탄 지대는 특수한 식물을 품고 있으며 형성되는 데 수천 년이 걸리는 안정적인 생태계입니다. 그렇다 보니 토탄을 많이 사용하는 것이 환경에는 아주 안 좋기 때문에 코코피트처럼 토탄 대체물을 이용한 배합물을 사용하는 편이 좋습니다. 자연에 피해를 주지 않으니까요. 토탄을 베이스로 한 배합물과 토탄 대체물을 베이스로 한 배합물 모두 상대적으로 쉽게 마르는 편이고, 일단 마르고 나면 다시 촉촉하게 만드는 게 쉽지 않습니다. 흙을 베이스로 한 배합물과 달리, 흙이 없는 배합물은 꼭꼭 누르지 않도록 주의를 기울여야 합니다. 안 그러면 공기가 부족하게 될 거예요.

빈티지 캔에
허브 심기

지오-플로리르에서는 빈티지 스타일의 캔에 허브를 즐겨 심는답니다. 틴 캔은 온라인으로도 구매가 가능하지만, 특별히 좋아하는 디자인의 캔이 있다면 그걸 사용해도 무방합니다. 이번 [HOW TO]를 위해서는 캔 안에 쏙 들어갈 작은 플라스틱 포트 화분이 필요해요. 좋아하는 허브를 다양하게 심어보세요. 제가 가장 좋아하는 허브는 바질, 로즈마리 그리고 타임이에요. 그리고 식물은 홀수로 그룹을 이룰 때 더 보기 좋다는 사실을 잊지 마세요. 5개나 7개를 부엌 창턱에 올려두면 안성맞춤입니다.

허브를 관리할 때에는 겉흙이 촉촉해야 합니다. 건조해지면 물을 뿌려주세요. 캔에 물을 붓지는 마세요. 배수구가 없는 데다가, 물이 너무 많으면 허브가 썩을 수 있습니다.

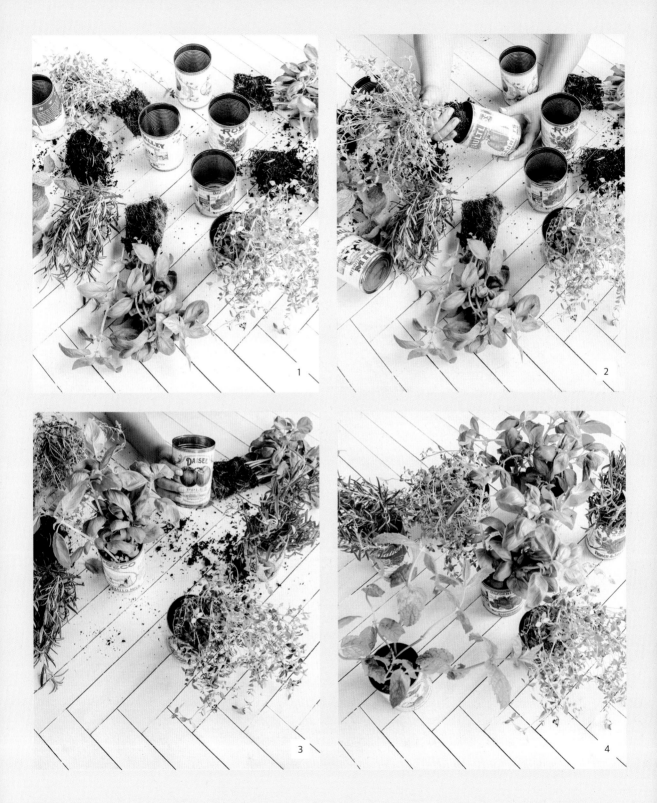

준비물

다양한 허브
빈티지 캔
다목적 화분용 흙

1 허브를 원래 있던 플라스틱 화분에서 빼냅니다. 동네 꽃집이나 대형 마트에서 구입했다면 화분에 뿌리가 꽉 차 있을 텐데요, 이 경우에는 허브를 화분에서 빼낼 때 주의해야 합니다. 허브가 쉽게 빠지지 않는다면 화분 밑으로 삐져나온 뿌리 부분을 살살 긁어주세요. 그러면 빼내기 쉬워질 거예요.

2 손가락으로 부드럽게 식물 뿌리 주변의 흙을 떨어냅니다.

3 캔 안에 다목적 화분용 흙을 넉넉하게 넣습니다. 그리고 허브 뿌리의 맨 윗부분이 캔의 입구에서 2센티미터 정도 아래에 위치하게 해주세요. 허브를 캔 안에 넣습니다. 그런 뒤 주변에 흙을 조금 더 뿌려주세요. 꼭꼭 눌러서 캔 안에 단단히 고정시킵니다. 너무 세게 누르지는 마세요. 뿌리가 짓눌릴 수 있거든요.

4 허브를 다 심을 때까지 1~3의 과정을 반복합니다. 창턱에 얹어놓고 요리할 때 사용해보세요. 그리고 부엌에 아주 멋진 빈티지함을 더해보세요.

완성된 작품은 #LIVINGWITHPLANTSTINS #LIVINGWITHPLANTSHOW-TO @GEO-FLEUR를 태그해서 올려주세요.

식물을 사랑한다면 분갈이를 해주세요

언젠가는 식물을 분갈이해줘야 할 때가 올 겁니다. 한 화분에 너무 오래 심겨 있던 탓에
생육배지가 고갈되었거나 식물이 원래의 화분을 넘어 웃자란 경우도 있겠죠.

분갈이는 실내 정원사가 익혀야 할 가장 중요한 기술 중 하나입니다. 적절한 화분용 흙을 쓴다면 어떤 식물이든 잘 자랄 거예요. 다만 언제나 신선한 흙을 써야 해요. 이미 다른 식물을 심은 적이 있는 흙이나 정원 흙은 안 됩니다. 분갈이를 하기에 충분한 영양분을 갖고 있지 못하니까요.

오늘날 화분용 흙은 화분에 사용할 목적으로 특수하게 고안되었습니다. 과잉 수분은 빠져나가게 되어 있어 물을 잔뜩 머금지 않고도 촉촉함을 유지할 수 있죠. 신선한 영양분도 딱 적당히 포함되어 있습니다. 그렇기 때문에 새 화분용 흙을 사용하는 게 중요하다는 거랍니다. 식물의 크기와 얼마나 자랐는지에 따라 다목적 흙, 실내 식물용 흙 혹은 양토 기반의 배합물에서 기르게 됩니다. 그렇지만 난초나 선인장과 같은 몇몇 식물은 일반 화분용 흙이 적절하지 않아요.

앞서 언급했다시피, 식물을 잘 자라게 하는 특정 화분이 있답니다. 그리고 요즘엔 자체적으로 물을 공급하는 화분으로 옮겨 가는 추세죠. 지오-플뢰르에서는 보스케Bosske의 자체적으로 물을 공급하는 화분을 사용하고 있습니다. 보스케는 천장에서 거꾸로 매다는 청명한 하늘 화분을 제작하고 있어요. 매다는 디스플레이로 아주 좋답니다. 물 저장고는 매일같이 사다리를 타고 올라갈 필요 없이 2주 정도에 한 번만 채워주면 돼요. 바쁘거나 건망증이 심한 원예 애호가들에게 딱이죠!

이제 막 도심 속 정글 컬렉션을 만들기 시작했다면, 밑에 물받이가 있는 플라스틱 화분을 사용하는 게 좋아요. 점토로 만든 화분보다 물을 덜 자주 줘도 되기 때문이죠. 중요한 건, 물을 너무 많이 주면 식물이 죽을 수 있다는 걸 유념하는 겁니다. 점토와 도자기로 된 화분은 식물이 좀 더 자라거나 환경에 익숙해졌을 때 옮겨 심기에 좋습니다. 물론 이들 화분은 비교적 비싸기 때문에 구입하기로 결정했으면 한 사이즈 큰 것으로 사는 게 좋습니다. 물론 천천히 자라는 식물의 경우에만 해당되는 말이에요. 몬스테라처럼 빠르게 자라는 식물은 작을 때 구입했다면 빨리빨리 분갈이를 해주어야 합니다.

필레아 페페로미오이데스는 미셔너리 플랜트 혹은 팬케이크 플랜트라고도 불러요. 필레아는 가장 쉽게 번식시킬 수 있는 식물 중 하나입니다. 132~133쪽을 보고 식물 번식에 대해서 더 알아보세요.

분갈이

보통 분갈이는 잘 자란 식물을 현재 화분에서 꺼내어 신선한 화분용 흙을 담은 같은 크기의 화분으로 옮겨 심는 절차를 말합니다. 식물이 휴지기에 있을 때, 즉 봄에 하는 게 가장 좋아요. 겨울에 꽃이 피는 식물이라면 휴지기 직후인 가을에 분갈이를 해주는 게 좋답니다. 분갈이를 할 때 다음의 간단한 절차를 따라해보세요.

1. 뿌리를 잡고 쥐어짜듯이 부드럽게 비틀어 화분에서 식물을 빼냅니다.

2. 식물의 뿌리를 조심스럽게 비비고 마사지하면서 오래된 흙을 떨어냅니다. 식물을 내려놓고 새 화분을 준비합니다.

3. 오래된 화분을 닦아서 쓰거나 이전 화분과 같은 크기의 깨끗한 새 화분을 사용합니다. 부서진 화분 조각이나 돌을 배수구 위에 올립니다. 이걸 종종 크로킹이라고 부르죠. 새로운 흙을 붓기 전의 절차입니다. 플라스틱 화분은 바닥에 구멍이 여러 개 나 있어서 그다지 필요하지는 않지만 일반적으로 크로킹을 하면 배수가 좋아집니다.

4. 크로킹 위(만약 한다면)에 적절한 화분용 흙을 부어줍니다. 그런 뒤 식물을 화분 안에 심어줍니다. 식물이 꼿꼿하게 화분의 중앙에 서게 하는 것이 중요합니다. 분형근은 맨 위가 화분의 윗부분에서 2.5센티미터 아래에 위치해야 합니다. 적당한 높이를 맞추기 위해서 식물 아래에 흙을 덜어내거나 더해주세요.

5. 한 손으로 식물을 잡고 다른 손으로 식물 옆으로 흙을 넣어줍니다. 식물 뿌리 윗부분까지 살짝 덮이도록 넣습니다. 화분 위쪽으로 남은 공간은 물을 줄 공간으로 활용할 겁니다.

6. 새로운 흙을 부드럽게 눌러줍니다. 식물을 단단히 고정시킬 정도로만 눌러주세요. 너무 세게 누르면 배수를 방해할 수 있습니다.

더 큰 화분으로
분갈이하기

식물의 첫 화분을 불필요하게 큰 것으로 시작하지 마세요. 되도록 가장 작은 화분부터 시작해서 그 화분에 뿌리가 꽉 찼을 때 더 큰 화분으로 옮겨 심으세요. 이렇게 하면 식물은 정기적으로 신선한 흙을 공급받을 수 있고 뿌리가 쑥쑥 자라도록 영양분도 받을 수 있습니다.

일반적으로 화분에 뿌리가 꽉 찼을 때에만(식물이 더 이상 자라지 않는 것처럼 보일 때에만) 더 큰 화분으로 옮겨 심어야 합니다. 식물 뿌리가 화분에 꽉 찼는지 구분하는 방법은 화분 아래쪽의 배수구를 살펴보면 됩니다. 뿌리가 엉켜 붙고 꼬여서 흙이 보이지 않는 경우죠. 심지어 흙의 표면을 뚫고 뿌리가 자라 나올 수도 있답니다.

더 큰 화분으로 옮겨 심을 때 지름이 4센티미터 정도 더 큰 화분을 골라 뿌리에 넉넉한 공간을 확보해주세요. 새 화분이 깨끗한지 확인한 뒤에 분갈이 설명을 보고 따라 하면 됩니다 112~113쪽.

분갈이하기

다음은 분갈이할 때 쓸 수 있는 몇 가지 유용한 팁입니다. 처음에는 조금 까다로운
작업처럼 보일 수 있지만, 금방 손에 익을 거예요. 식물이 무성하게 잘 자라나게 하려면
분갈이하는 방법을 꼭 익히는 것이 중요합니다.

두 손가락을 식물 줄기의
양옆에 가져다 댄다

화분을 옆으로 기울여 바깥을 가볍게 톡톡
두드리면 식물이 부드럽게 빠져나온다

칼로 가장자리를 따라 칼집을 내어 헐렁하게 만든다

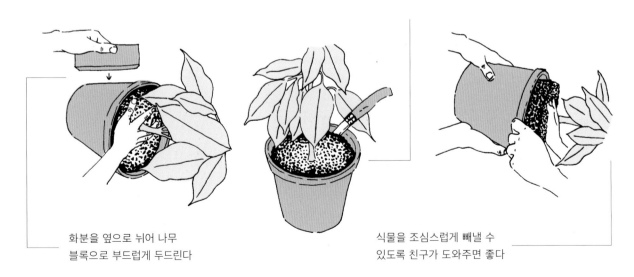

화분을 옆으로 뉘어 나무
블록으로 부드럽게 두드린다

식물을 조심스럽게 빼낼 수
있도록 친구가 도와주면 좋다

뿌리가 가득 찬 식물 분갈이하기(큰 화분으로 옮겨 심기)

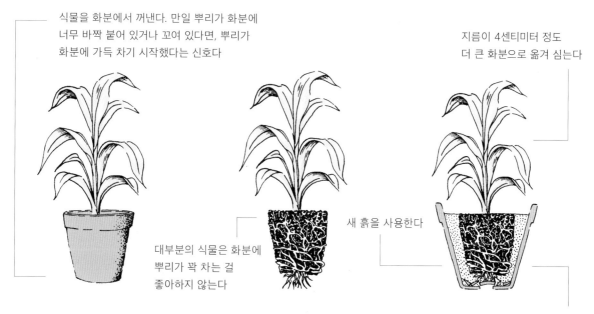

식물을 화분에서 꺼낸다. 만일 뿌리가 화분에 너무 바짝 붙어 있거나 꼬여 있다면, 뿌리가 화분에 가득 차기 시작했다는 신호다

지름이 4센티미터 정도 더 큰 화분으로 옮겨 심는다

대부분의 식물은 화분에 뿌리가 꽉 차는 걸 좋아하지 않는다

새 흙을 사용한다

그릇(깨진 테라코타) 혹은 커다란 돌을 바닥에 깔아 배수를 돕는다

선인장 분갈이하기

선인장 분갈이는 까다로울 수 있어요(그리고 아플 수도 있죠!).
선인장은 화분의 배수구 밑으로 뿌리가 삐져나오기 시작하면 당장 분갈이를 해야 합니다.

바닥으로 연필을 꽂아넣어 뿌리를 풀어준다

새로운 화분에 선인장을 심고 주변에 흙을 고르게 더해, 새 집에 안착하게 해준다

선인장 주변에 수건이나 종잇조각을 둘러 찔리지 않게 조심한다

테라리엄은 가장 완벽한 인테리어 소품입니다

눈길을 사로잡는 유리 테라리엄으로 아름다운 실외 식물을 실내로 옮겨 오세요.
테라리엄을 만들 때 따라야 할 규칙이 몇 가지 있답니다, 어떤 흙을 사용할지부터
어떤 종류의 식물과 컨테이너를 고를 것인지에 이르기까지 말이죠.

테라리엄은 자연을 실내로 들일 수 있는 탁월한 방법입니다. 특히 정원이나 바깥 공간이 없다면 말이죠. 그건 그렇고 테라리엄이 대체 정확히 뭘까요? 테라리엄이란 식물을 일부만 혹은 완전히 가둬버려서 그 안에서 기르는 유리 화분입니다. 만일 테라리엄에 영구적인 개방구가 있으면 개방형 테라리엄이라고 하고, 반대로 일단 식물이 안에 들어간 뒤에 봉해진다면 폐쇄형 테라리엄이라고 하죠. 테라리엄에는 사막형, 숲형, 그리고 물형 등을 포함해 종류가 아주 많아요. 자기만의 미니어처 정원을 만들기 위해서 116~119쪽에 수록된 폐쇄형 테라리엄 만들기와 134~137쪽에 수록된 개방형 테라리엄 만들기를 참조하세요.

테라리엄 가드닝은 손이 적게 가고 관리하기 무척 쉬운데 반해 결과는 언제나 놀랍습니다. 처음으로 실내 정원을 가꾸는 사람들에게 완벽한 방법인 데다 선물로도 아주 좋아요. 여기서 가장 중요한 핵심은 함께 자랄 수 있는 식물들을 같이 두는 겁니다. 왜냐하면 비슷한 성장 패턴을 가지고 비슷한 정도의 관심을 요해야 하기 때문이죠. 이를테면 선인장과 다육식물 같은 사막 식물은 개방형 테라리엄에서 함께 기르기에 좋답니다. 반면 양치류나 피토니아 화이트스타 같은 열대 식물은 따뜻하고 습기가 있는 환경에서 무럭무럭 자라기 때문에 폐쇄형 테라리엄에서 기르기에 적합하죠.

이 미니어처 정원의 매력은 무엇일까요? 테라리엄은 살아 있는 인테리어 오브제로 일 년 내내 즐길 수 있어요. 이목을 잡아끄는 중앙 장식이 될 수 있고 어떤 공간이든 푸른빛을 더할 수 있는 세련된 방식이죠. 무엇보다도 중요한 건, 테라리엄은 공간이 크든 작든 어느 곳에서나 빛을 발한다는 것입니다!

폐쇄형
테라리엄
만들기

폐쇄형 테라리엄은 개방형 테라리엄과는 달리 일단 식물을 심은 뒤 문을 꼭 봉하게 되어 있습니다. 일단 문이 닫히면 테라리엄은 자신만의 생태계를 구축합니다. 공기와 영양분, 물을 화분 안에서 재생하죠. 이 말인즉, 두 번 다시 테라리엄을 열 필요가 없다는 뜻이기도 합니다.

이번 [HOW TO]에서는 양치식물과 피토니아 화이트스타(피토니아, 너브 플랜트)를 사용할 거예요. 이 두 식물은 폐쇄형 테라리엄의 습기를 좋아하죠. 하이포테스(히포에스테스 필로스타키아)와 공작고사리(아디안툼), 보스턴고사리(네프롤레피스 엑살타타) 등도 사용할 수 있어요. 저는 녹색의 양치식물과 균형을 맞추기 위해 다른 색의 피토니아를 사용해보겠습니다.

준비물

금속 티스푼

부드럽고 모가 고운 화가용 붓

긴 금속 꼬챙이

테이프

종이 또는 부엌용 깔때기

유리로 된 큰 병과 코르크 마개 또는 뚜껑

다목적 화분용 흙

활성탄

작은 자연석

색이 다른 피토니아 2~3개

양치식물 1~2개

길고 가느다란 집게

이끼

1 꼬챙이를 테이프로 티스푼과 붓에 연결해서 각각 긴 손잡이가 달린 티스푼과 붓을 만들어줍니다.

2 종이로 만든 깔때기나 부엌용 깔때기를 유리병 입구에 위치시키고 테라리엄 바닥에 깔릴 정도로 화분용 흙을 넣어줍니다. 여기에서 만들 크기의 테라리엄이라면 흙이 약 5~6센티미터 정도 쌓이면 됩니다.

3 흙 위에 활성탄을 세 테이블스푼 더해줍니다. 손잡이가 긴 티스푼을 가지고 잘 섞어주세요. 너무 세게 섞어서 위쪽으로 튀지 않게 주의하세요. 돌을 몇 개 떨어뜨려 넣어줍니다.

4 식물 중 하나를 조심스럽게 화분에서 빼냅니다. 만일 화분에 뿌리가 꽉 찬 상태이고 빼내기가 어렵다면 화분 바닥을 톡톡 두드려주세요. 쉽게 빠져나올 겁니다. 그릇 위에서 식물을 쥐고 손으로 오래된 흙을 떨어냅니다.

5 집게로 식물을 집거나 집게가 없는 경우 긴 꼬챙이 두 개 또는 젓가락으로 식물을 집어줍니다. 유리병 목을 통해 식물

을 밀어넣습니다. 원하는 위치에 놓아주세요. 식물이 다칠까 봐 걱정하지 않아도 됩니다. 화병 안에 들어가는 잠시 동안만 꽉 쥐이는 거니까요.

6 나머지 식물들도 4, 5번을 반복하면서 넣어줍니다. 흙이 식물 주변에 단단히 자리 잡게 해주세요.

7 모든 식물이 제자리에 위치했으면 장식물을 좀 얹어볼까요? 여기서 우리는 이끼와 작은 자연석을 더해줄 겁니다. 식물을 넣었던 것과 마찬가지의 방식으로 유리병 안에 넣고 식물 주변에 자리를 잡아줍니다.

8 만일 식물 위에 흙이 올라가 있는 경우, 붓을 이용해 부드럽게 털어냅니다. 화병에 공기가 통하지 않도록 코르크 마개 또는 뚜껑으로 입구를 단단히 봉합니다. 자랑스럽게 전시해보세요.

완성품은 #LIVINGWITHPLANTSTERRARIUM #LIVINGWITHPLANTSHOW-TO @GEO-FLEUR를 태그해서 올려주세요.

4장

식물의 언어를
이해하기

식물에 맞는 환경을 갖춰주세요

집 안에서 특정 식물을 기르기 위해 적절한 위치를 선정하는 것은 식물의 생존과 건강에
매우 중요합니다. 식물마다 일조량, 기온, 습도 등 필요로 하는 게 달라요. 그러므로
각 식물이 필요로 하는 조건에 맞는 위치를 찾아주는 게 중요합니다.

특정 식물을 특정 위치에 놓아야겠다고 결정했더라도, 만약 환경이 식물에게 맞지 않는다면 그 위치에서 기르는 건 아무런 의미가 없습니다. 식물을 잘 맞지 않는 환경 속에 억지로 놓는 건 문제만 야기할 따름이죠. 먼저 일조량, 온도, 그리고 방 안의 공기의 질을 조절한 다음에 그 환경에 맞는 식물을 고르는 게 훨씬 낫답니다. 시중에는 엄청나게 다양한 종류의 실내 식물이 있으니 여러분과 여러분의 공간에 어울리는 식물을 반드시 찾을 수 있을 거예요.

일조량
—

구입하고 싶은 식물이 생겼다면, 집에 데리고 갔을 때 어떤 환경 속에서 살게 될지를 먼저 생각해보세요. 이를테면, 빛을 사랑하는 식물을 그늘진 구석에 두고 싶진 않을 겁니다. 47쪽을 참고해서 방의 창문이 어느 쪽으로 나 있는지에 따라 일조량에 어떤 식으로 영향을 미치는지 살펴보세요.

좋은 원예점이라면 특정 식물이 어떤 환경을 좋아하는지 설명해줄 거예요. 하지만 식물 라벨을 읽고 주의사항도 직접 살펴보세요. 같은 종류의 식물이라도 각자 필요로 하는 빛의 양이 다르니까요.

대부분의 실내 식물은 밝은, 투과된, 그리고 자연스러운 빛을 좋아해요. 그렇지만 그늘을 좋아하는 식물도 만만치

않게 많죠. 그래도 모든 식물들은 광합성과 성장을 위해 어느 정도의 빛을 필요로 합니다. 만일 식물이 충분한 빛을 받지 못한다면 줄기가 길고 약하게 자라날 거예요. 더 많은 빛을 찾아서 뻗어나가야 하기 때문이죠. 반면, 만약 식물이 견딜 수 있는 것보다 더 많은 빛을 받으면 잎은 쪼글쪼글해지거나 떨어지거나 창백한 빛을 띠게 됩니다. 흙도 빠른 속도로 마를 거예요. 그러니 주의해야 합니다. 어떤 식물을 고르든, 사막 선인장을 제외하고는 창가에서 한낮의 빛을 받으며 절절 끓게 둬서는 안 됩니다.

식물은 잎을 사용해 빛을 흡수하기 때문에, 잎을 닦아주는 건 식물을 예뻐 보이게 하는 것 이상으로 식물의 성장을 돕는 일이랍니다. 식물에 물을 뿌려주는 것도 잎을 깨끗하게 유지하는 데 도움이 됩니다. 아니면 잎을 깨끗하게 닦아주는 리프 샤인이라는 상품을 구입해도 좋겠죠. 이걸 사용하면 잎이 부드럽고 반짝이게 된답니다. 잎에 털이 많거나 뾰족뾰족한 식물에 사용하는 건 피하세요.

기온
—

식물마다 좋아하는 열의 정도가 다릅니다. 그러니 항상 식물의 라벨을 체크해 얼마나 따뜻하게 혹은 선선하게 환경을 갖춰야 할지 확인해야 합니다. 공간의 일조량이 어떤지

습기를 높이는 여러 방법

축축한 자갈 위에 식물을 올린다
이렇게 하면 식물이 잎 사이에 습기를 가두는 데
도움이 된다

물을 채운 받침 위에 나무 블록을 올리고
그 위에 식물을 얹는다
이렇게 하면 흙을 축축하게 유지할 수 있다

식물을 더 큰 화분 안에 넣고
이끼로 채워 습기를 올려준다

정수된 물을 뿌려준다

를 고려해야 하는 만큼 그 공간이 얼마나 따뜻한지 혹은 서늘한지 고려하는 것도 중요한 일입니다. 선선한 공간을 좋아하는 식물은 사우나 같은 공간 속에서는 살아남지 못하겠죠. 반면 충분히 따뜻한 곳에서 자라야 하는 식물은 선선하고 어두운 구석에서는 살지 못할 테고요.

공기와 습기

낮 동안 식물은 광합성을 수행합니다. 이산화탄소와 물을 당으로 바꾸는 과정이죠. 이 과정에서 식물들은 부산물로 산소를 만들어냅니다. 그러나 밤에는 광합성을 멈추고 호흡을 합니다. 식물이 산소를 들이마시고 이산화탄소를 방출하는 것입니다. 그렇기 때문에 식물에 적절한 공기 흐름을 공급해주는 게 중요합니다.

너무 더울 때에는 창문을 열고 환기를 하는 게 도움이 될

거예요. 그렇지만 찬바람에 장시간 노출시키지는 마세요. 몇몇 실내 식물은 찬 공기 흐름에 노출되면 잎을 떨구고 마릅니다. 그렇지만 적당한 공기 흐름은 균류에 의한 질병 감염을 낮춰줄 수 있어요. 그러니 환기가 전혀 안 되는 방 안에 식물을 가두는 것보다는 훨씬 낫습니다.

사막 선인장과 다육식물은 건조한 공기를 좋아하지만 대부분의 식물은 촉촉한 공기를 좋아하죠. 많은 식물들이 난방 중에는 공기가 건조해져 메마르게 됩니다. 식물 주변의 습기를 늘려야 한다면 미기후microclimate, 특정한 좁은 지역의 기후로 주변 지역과는 다른 기후를 말함를 만들어주면 됩니다. 이를테면 축축한 자갈 트레이를 식물 밑에 까는 것처럼 말이죠. 식물에 물을 뿌려주는 것은 습기를 높이는 것뿐만 아니라 잎에 생명력을 불어넣는 역할을 합니다(위의 그림 설명을 참고해주세요).

물과 영양분을 올바르게 공급해주세요

실내 식물을 숙이는 가상 큰 원인은 과도한 물 수기입니다. 반드시 수의해야 합니나!

많은 사람들이 식물에 물을 너무 많이 주면서 식물에게 친절히 대한다고 생각하는데, 오히려 과도한 물 주기는 식물의 부패를 야기합니다. 어떤 식물은 매일 물이 필요할 수도 있지만, 어떤 식물은 한 달에 한 번이면 충분해요. 그렇기 때문에 식물 돌보기 지침에 신경을 쓸 필요가 있습니다. 또한 사용하는 화분의 종류도 고려해야 합니다. 테라코타나 진흙으로 만든 화분에 담긴 식물은 플라스틱 화분에 담긴 화분보다 더 자주 물을 주어야 합니다. 물이 더 잘 증발하기 때문이죠.

실내 식물을 제대로 돌보기 위해서 습득해야 하는 한 가지 기술은, 어떤 식물에 언제 물을 줘야 할지 파악하는 겁니다. 흙이 너무 축축한지 또는 너무 말랐는지를 통해 판단할 수 있죠.

식물에 너무 오랫동안 물을 안 준 상태로 방치해서는 안 됩니다. 그러면 잎이 축 처질 거예요. 어떤 식물은 이 단계에 접어들면 이미 돌이킬 수 없게 돼요. 그렇게 나쁜 상태가 되지 않게 신경을 써야 합니다. 시중에는 식물의 습기 수준을 측정하는 화려한 물 계량기도 있죠. 하지만 물 양을 측정하는 건 배우기 쉬운 기술입니다. 기르는 식물이 물을 필요로 한다는 초기 신호를 잘 포착할 수 있는 훈련이 될 때까지 식물의 잎과 흙의 상태를 주의 깊게 체크하면 돼요.

일부 식물은 수돗물을 좋아하지 않아요. 빗물이나 필터링을 한 수돗물을 사용하는 게 이상적입니다. 식물에 물을 줄 때엔 화분의 전체에 퍼지도록 충분히 주어야 합니다. 그렇다고 흙이 넘쳐흐를 정도로 줘서는 안 돼요. 흙 속의 영양분이 씻겨나가기 때문입니다. 화분이 물에 잠겨 있지 않게 하는 게 중요한데요, 그렇게 두면 식물이 썩을 수 있기 때문입니다. 물을 준 뒤 한 시간쯤 있다가 안쪽 화분이 자리 잡은 장식 화분 또는 화분 받침대 밑바닥에 물이 남아 있는지 확인해보세요. 만약 그렇다면 바로 비워주면 됩니다. 옆 페이지의 그림을 보고 충분히, 적당히, 다소 부족하게 물을 주는 방법을 익혀보세요.

식물에 물을 주는 다양한 방법

식물에 물을 주는 방법은 다양합니다. 어떤 식물인지에 따라 달라지죠. 몇몇은 '조금씩 자주'를 좋아하는 반면 다른 식물은 '이따금씩 푹' 물에 잠기는 걸 좋아한답니다.

위에서 물 주기(126쪽 그림 1)

노즐이 긴 물뿌리개를 이용해서 화분 위쪽에서 흙에 물을 주는 방법입니다. 잎에 물이 닿지 않도록 주의하세요.

아래에서 물 주기(126쪽 그림 2)

저면관수라고 하며 상태가 안 좋은 식물을 되살릴 수 있는, 제가 사용하는 실패하지 않는 방법이랍니다. 받침대에 물을 충분히 부어 화분 밑에 둡니다. 그러면 과도하게 물을 줄 위험 없이, 식물이 필요한 만큼만 물을 흡수할 수 있습니다. 필요한 만큼 물을 흡수했다는 판단이 서면, 식물을 원래의 받침대에 돌려놓습니다.

물을 충분히 주는 방법

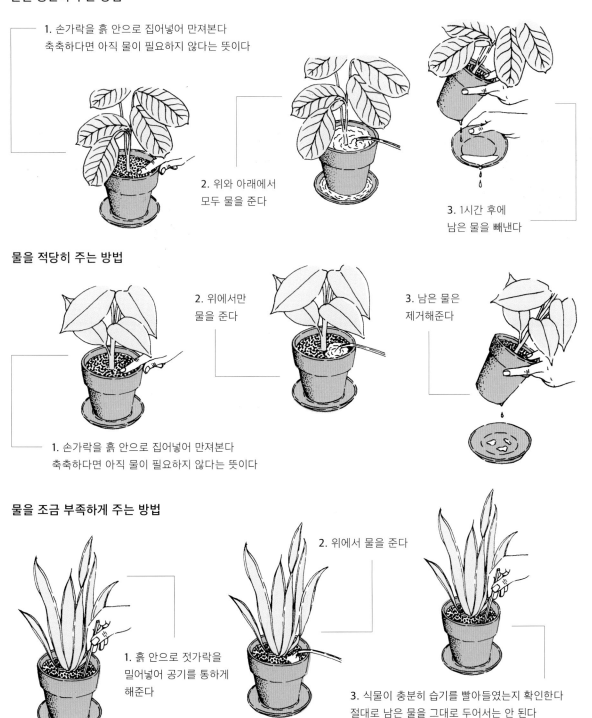

1. 손가락을 흙 안으로 집어넣어 만져본다
   축축하다면 아직 물이 필요하지 않다는 뜻이다

2. 위와 아래에서
   모두 물을 준다

3. 1시간 후에
   남은 물을 빼낸다

물을 적당히 주는 방법

2. 위에서만
   물을 준다

3. 남은 물은
   제거해준다

1. 손가락을 흙 안으로 집어넣어 만져본다
   축축하다면 아직 물이 필요하지 않다는 뜻이다

물을 조금 부족하게 주는 방법

2. 위에서 물을 준다

1. 흙 안으로 젓가락을
   밀어넣어 공기를 통하게
   해준다

3. 식물이 충분히 습기를 빨아들였는지 확인한다
   절대로 남은 물을 그대로 두어서는 안 된다

물을 주는 세 가지 방법

그림 1 위에서 물 주기

그림 2 아래에서 물 주기

그림 3 브로멜리아드 물 주기

만약 화분이 이미 물 받침대 위에 올려져 있다면, 이 물 받침대에 물을 채워서 필요한 만큼 최대한 많은 수분을 흡수하게 해주세요. 그렇지만 과도한 물은 버리는 걸 잊지 마세요. 너무 오랫동안 식물을 물에 담가두고 싶지 않다면요. 자칫 식물이 썩을 수 있습니다.

플런징

식물에게 있어서 스파 하는 것과 같은 일이죠. 화분을 물이 가득 찬 양동이나 싱크대에 담급니다. 식물 전체가 물에 잠겨서는 안 되고요. 흙이 촉촉해지면 남는 물은 빼낸 뒤 바깥 화분 혹은 받침대에 올려줍니다.

브로멜리아드 물 주기(그림 3)

잎이 장미의 꽃잎 모양으로 자라나고 밝은 색의 포엽이 생겨나는 파인애플과 브로멜리아드는 특별한 방식으로 물을 줘야 합니다. 이런 식물의 잎은 줄기 주변에 작은 컵이나 우물 모양을 만듭니다. 컵(워터 탱크)은 식물의 맨 윗부분이나 혹은 더 아래쪽에서 형성될 수 있는데요, 늘 물로 차 있어야 합니다. 두세 달에 한 번 주기로 오래된 물을 비워주고 새로운 물을 부어주는 것도 나쁘지 않겠죠. 식물을 조심스럽게 기울여서 오래된 물을 빼내줍니다.

작은 물뿌리개를 사용해 컵에 물을 부어줍니다. 브로멜리아드의 어디에 컵이 있는지 확실하지 않다면 바로 위에서 식물의 줄기를 따라 물을 부어줍니다. 그러면 물이 자연스럽게 컵으로 흘러들어갈 거예요. 브로멜리아드는 잎을 통해 영양분을 섭취합니다. 그러니 정기적으로 잎에 물을 뿌려줄 필요도 있어요.

휴가 동안에 물 주기

우리 모두 이따금 휴가를 가죠. 그 기간에 식물이 목말라서는 안 되겠죠? 가장 좋은 건 여행을 떠난 동안 누군가 식물을 돌봐주는 것인데, 그게 어려울 때가 있습니다. 여행을 간 동안에도 여러분의 식물에 다정한 보살핌을 줄 수 있는 방법이 여럿 있답니다. 도움이 될 만한 몇 가지를 소개합니다.

휴가 동안에 물 주기

그림 5 점적 관수

그림 6 물 주는 구체

그림 4 흡수력 있는 천

흡수력 있는 천(그림 4)

부엌 싱크대를 찬 물로 가득 채운 뒤 식기 건조대 위에 흡수력이 좋은 큰 천을 얹습니다. 천이 싱크대의 바닥에 닿도록 해야 합니다. 식물을 식기 건조대의 천 위에 얹습니다. 천이 물을 빨아들이고 식물이 천에서 물을 흡수하게 됩니다. 수도꼭지를 잠그는 걸 잊지 마세요!

점적 관수(그림 5)

병에 신선한 물을 채워 식물 옆에 세웁니다. 노끈을 충분히 길게 잘라냅니다. 한쪽 끝은 병의 바닥에 닿게, 다른 쪽 끝은 화분에 닿게 말이죠. 화분에 닿은 끈을 흙 안쪽으로 2센티미터 가량 밀어넣습니다. 노끈이 물을 빨아들여서 식물에게 공급해줄 거예요.

물 주는 구체(그림 6)

물 주는 구체는 유리 혹은 플라스틱으로 된 도구로 끝에 전구 모양이 달려 있는데요, 여기에 물을 채웁니다. 그런 뒤 이 도구를 흙에 꽂아넣으면 됩니다. 식물이 물을 필요로 하면 흙이 공기방울을 도구 안으로 밀어넣어 물이 나오게 됩니다.

간단하죠! 이 시스템은 또한 엄청나게 요구사항이 많은 양치식물에 영구적으로 사용할 수 있기도 합니다. 여러분이 건망증이 있는 편이라면 말이죠. 이외에 자체적으로 물을 주는 기구를 구입할 수도 있습니다. 저렴하진 않겠지만요.

영양분
공급하기

새로이 화분에 심겼거나 분갈이를 한 식물은 영양분이 풍부한 흙에 심겼을 거예요. 그렇지만 이 영양분들은 시간이 지나면서 식물이 사용하기도 하고, 물을 주면서 조금씩 씻겨나가기도 합니다. 그렇기 때문에 실내 식물들은 정기적으로 비료를 통해 영양 공급을 해줘야 합니다. 액상 비료는 농축된 형태로 판매되고 있습니다. 그러니 적당히 희석시켜서 사용해야 해요. 안 그러면 식물에 영양분을 과다 공급하게 될 테니까요. 아니면 천천히 영양분을 내뱉는 작은 알갱이형의 비료를 사용해도 됩니다. 보통 흙에 섞어서 쓰는데 확실하지 않을 때는 제조자의 지시에 따라 사용하세요.

식물에 문제가 있다는 초기 신호를 포착하는 방법

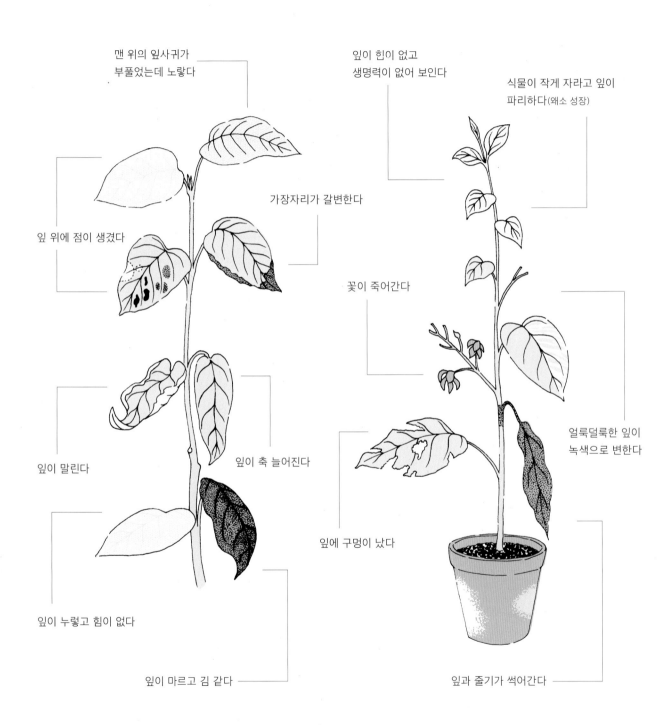

맨 위의 잎사귀가
부풀었는데 노랗다

잎이 힘이 없고
생명력이 없어 보인다

식물이 작게 자라고 잎이
파리하다(왜소 성장)

가장자리가 갈변한다

잎 위에 점이 생겼다

꽃이 죽어간다

잎이 말린다

잎이 축 늘어진다

얼룩덜룩한 잎이
녹색으로 변한다

잎이 누렇고 힘이 없다

잎에 구멍이 났다

잎이 마르고 김 같다

잎과 줄기가 썩어간다

식물이 겪는 문제들
& 흔히 하는 실수

이따금 식물에 문제가 발생하곤 할 겁니다. 그렇지만 주의해서 살피고 관찰하면
최대한 빨리 문제 신호를 포착할 수 있을 거예요. 늘 치료보다는 예방이 먼저죠.

식물의 문제 알아차리기

맨 위의 잎사귀가 노랗게 변한다
대개 그냥 수돗물로 물을 준 경우에 발생하는 문제입니다.
빗물이나 정수된 물로 바꿔보세요.

잎 위의 갈색 점 및 부분들
만약 잎에 바삭한 갈색 점이나 부분들이 생기기 시작했다면
물이 부족할 가능성이 높습니다. 그렇지만 점이 물렁하고
짙은 갈색을 띠고 있다면 물이 너무 많을 가능성이 높죠. 그
러니 주의 깊게 관찰해야 합니다! 물을 새로 주기 전에 화분
의 흙이 완전히 말라버리게 두지 않는 것, 그리고 물을 준 이
후 흙이 여전히 촉촉한데 또 물을 주지 않는 게 관건입니다.
제대로 물을 주는 것은 무척 어려운 일인데요, 일단 제대로
만 주면 더 이상 갈색 점들이 나타나지 않을 겁니다.

갈색 잎
만약 잎 전체가 갈색이라면 지나친 혹은 너무 적은 물 때문
일 수 있습니다. 혹은 햇빛을 너무 많이 혹은 너무 적게 받았
거나요. 식물이 올바른 환경에 놓여 있는지 확인해 봅니다⁴⁷
쪽참조. 만약 잎의 가장자리나 중간 부분이 갈색이라면 공기
가 건조해서 그럴 수 있어요. 주기적으로 물을 뿌려 습기를
높여주면 해결될 문제입니다.

잎이 가장자리가 말려들거나 갑자기 떨어질 때
잎의 가장자리가 말려들거나 잎이 갑자기 떨어질 때는 물을
많이 주었거나 혹은 충분히 따뜻하지 않아서일 가능성이 높
습니다. 두 번째 경우는 찬 기운을 맞아서일 겁니다. 집 안에
서 보다 적합한 곳으로 자리를 옮겨줍니다.

시든 잎

만약 잎이 시들기 시작했다면 물 부족 혹은 물 과잉의 신호입니다. 그렇지만 만일 물이 문제가 아니라는 게 확실하다면, 바구미 유충 때문일 수 있어요. 이것들은 뿌리에 기생합니다. 만약 벌레를 발견했다면 당장 화분 전체를 내다버리도록 하세요.

갑작스러운 낙엽

잎사귀 한두 개는 늘 떨어지기 마련이지만, 잎사귀가 많이 혹은 전부 떨어졌다면 식물이 충격을 받았다는 신호입니다. 극단적인 추위나 열기 혹은 완벽한 탈수 등으로 말이죠. 아니면 움직임으로 인한 충격일 수도 있습니다. 만약 식물이 자주 이곳저곳으로 옮겨 다닌다면, 잎사귀 전체가 갑작스럽게 떨어질 수도 있습니다. 이런 일이 벌어지면 밝고 따뜻한 곳에 두어 회복할 시간을 주세요. 일주일 후에 비료를 희석시켜 주고, 적어도 한 달 동안은 식물을 옮기지 마세요.

낮은 쪽 잎이 마르고 떨어지는 경우

대개 세 가지 중 한 가지 이유로 발생합니다. 식물이 충분히 빛을 못 받고 있거나, 충분히 따뜻하지 않거나, 식물에 물을 적게 주고 있는 경우입니다. 식물이 있는 곳의 빛과 열기가 그 식물에 어울리는지를 점검해보세요. 그렇지 않다면 식물을 좀 더 어울리는 자리로 옮겨줍니다. 만일 빛과 온도가 식물에 적합하다면 흙이 너무 마르기 전에 물을 주는 것을 잊지 마세요. 만약 다시 물을 주기 전에 흙을 완전히 마르게 두는 일이 반복된다면, 식물은 지나친 탈수 상태에 빠지게 됩니다. 자체적으로 물을 주는 화분이나 혹은 물 주는 구체를 사용해서 식물이 충분한 습기를 머금게 해주세요. 이 경우에는 일단 식물을 건조하게 만든 다음에 합니다.

나뭇잎에 구멍이 난 경우

실내 식물의 잎사귀에 난 구멍은 곤충이나 벌레 때문이 아닙니다. 영양 부족이나 지나치게 건조한 공기 때문이에요. 습도를 높이기 위해 식물에 물을 분사해줍니다.

작고 파리한 잎사귀(왜소 성장)

만약 식물에서 작고 파리한 노란색 잎이 자라나기 시작한다면, 다양한 원인을 꼽을 수 있습니다. 배수 상태가 좋지 못하거나 일조량이 안 맞거나 습도가 낮은 원인 등이 있습니다. 분갈이를 해주거나^{112~113쪽}, 흙 속에 공기를 통하게 해줄 수도 있습니다. 혹은 빛이 잘 드는 공간으로 식물을 옮기는 것도 시도해볼 만하답니다.

꽃이 죽어가는 경우

만약 식물이 꽃을 피우지 못한다면, 좀 더 많은 빛을 필요로 하거나 유기농 비료를 필요로 하고 있는지도 몰라요. 너무 마르지는 않았는지 확인해볼 필요도 있겠죠. 습도를 높여주기 위해 물을 분사해주세요.

모든 방법이 실패할 경우

━

만약 식물이 정말로 문제를 겪고 있는데 제가 제안한 방법 일부 혹은 전부가 실패로 돌아갔다면, 다음과 같은 세 가지 팁을 따르도록 하세요.

1. 식물을 약간 마르게 둡니다.
2. 빛을 충분히 쬐도록 만들어줍니다.
3. 유기농 비료를 공급해줍니다.

마른 식물 되살리기

식물이 말랐다고 해서 절망에 빠지지는 마세요.
다음과 같은 방법을 통해서 되살릴 수도 있으니까요.

잎이 마르고 축 처진다면
물이 부족해서이다

흙이 물을 머금고 있는 능력을
상실했을 수도 있다

뿌리가 쪼그라들어서 물이 바로
빠져나갈 수 있다

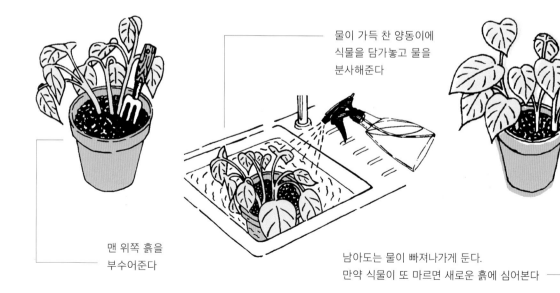

맨 위쪽 흙을
부수어준다

물이 가득 찬 양동이에
식물을 담가놓고 물을
분사해준다

남아도는 물이 빠져나가게 둔다.
만약 식물이 또 마르면 새로운 흙에 심어본다

식물 번식 & 꺾꽂이

식물을 기르는 것은 무척 만족스러운 경험입니다.
꺾꽂이만 가지고도 쉽게 번식시킬 수 있다는 점이 가장 좋죠.

무늬접란은 번식시키기에 아주 좋고
새싹을 빨리 만들어낸다

대부분의 식물은 자가 복제력이 매우 뛰어납니다. 잎 혹은 줄기 꺾꽂이 순만을 가지고도 새로운 식물 하나를 길러낼 수 있죠. 다육식물만큼 쉽게 번식시킬 수 있는 식물도 없답니다. 이따금 다육식물은 매우 비싼 값을 주고 구입해야 하니, 굉장한 장점이죠. 무늬접란처럼 잎이 무성한 실내 식물을 번식시키기 위해서, 저는 새순이 돋아나는 잎을 잘라내 사용하는 걸 추천 드려요. 되도록이면 뿌리에 가깝게 잘라낸 걸 말이죠. 잘라낸 잎은 24시간 동안 건조되게 둡니다. 그런 뒤 새로운 잎이 자라날 때까지 물을 받아놓은 컵에 꽂아두세요(최소 4일). 다목적 화분용 흙을 사용해서 화분에 심어줍니다.

다육식물 꺾꽂이 순 만드는 법

3. 만약 잎이 짧다면 화분에 담은 흙 위에 올려둔다
잎이 길다면 뿌리를 내리게 세워서 심어주면 된다

1. 예리한 칼이나 가위로 다육식물에서 잎을 잘라낸다. 최대한 줄기에서 가깝게 잘라낸다

2. 하루 동안 마르게 둔다

선인장 꺾꽂이 순 만드는 법

잘라낼 때 장갑과 집게를
사용해야 한다

최대한 많은 뿌리를 잘라낸다
화분에 심기 전 하루 동안 마르게 둔다

금오모자(오푼티아 미크로다시스)는 번식시키기에 아주 좋다
'귀' 부분을 집게로 잡고 몸통에 붙은 밑동을 잘라낸다
가시에 찔리지 않도록 조심!

선인장 전용 흙을 담고
집게로 선인장을 심는다

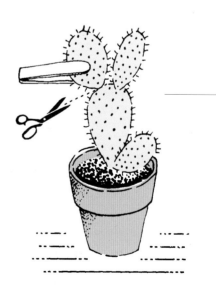

개방형
테라리엄
만들기

완벽하게 닫힌 폐쇄형 테라리엄과는 달리 개방형 테라리엄은 이름 그대로 열린 상태를 유지합니다. 선인장이나 다육식물 같은 사막 식물이 이런 종류의 테라리엄에 잘 어울리죠. 더 많은 공기를 필요로 하고, 폐쇄형 테라리엄의 내부처럼 습하고 축축한 걸 싫어하기 때문이에요.

개방형 테라리엄은 자체적으로 유지가 되지 않기 때문에, 일주일에 한 번쯤은 분무기로 물을 뿌려주는 걸 권합니다. 테라리엄에 물을 붓지는 마세요. 식물이 썩을 수도 있으니까요. 다육식물과 선인장은 밝은 빛을 좋아하니 완성된 테라리엄은 창가에 두는 게 가장 좋겠죠.

지오-플뢰르에서는 기하학적인 모양을 좋아해서 테라리엄도 기하학적인 유리 화분을 즐겨 사용합니다. 빈티지한 걸 구해도 좋고 대부분의 선물 가게나 온라인에서 구입이 가능하답니다. 아니면 가지고 있는 유리 용기를 창의적으로 활용해보세요. 입구가 넓은 병이나 커다란 앤티크 유리병 혹은 어항에 개방형 테라리엄을 만들어보세요.

준비물

선인장 전용 흙

깨끗한 유리 컨테이너 또는 테라리엄

활성탄

손잡이가 긴 티스푼

작은 선인장과 다육식물 모음

길고 가느다란 집게

어항용 자갈(펫샵에서 구할 수 있어요)

깔때기(선택 사항)

작은 붓

1 테라리엄의 바닥에 5센티미터 두께로 흙을 깔아줍니다.

2 그 위에 활성탄을 약간 흩뿌려줍니다.

3 화분 안에 손을 넣을 수 있다면, 두 손가락을 이용해 선인장 혹은 다육식물이 위치할 곳의 자리를 잡아줍니다. 손가락을 사용할 수 없는 경우에는 손잡이가 긴 티스푼을 사용하세요. 너무 깊숙이 자리를 만들지 않게 주의합니다. 바닥에는 최소 2센티미터의 흙이 있어야 합니다.

4 식물을 화분에서 빼냅니다. 선인장의 경우 집게를 사용해서 식물을 빼내세요. 가시에 찔리지 않게 말예요. 식물이 담겨 있는 플라스틱 포트를 부드럽게 누르면 식물이 쉽게 빠져나올 거예요. 만약 뿌리가 화분에 가득 차 있어서 빠져나오지 않는다면, 화분의 바닥을 살살 긁어주세요. 그럼 뿌리 부분이 느슨해집니다.

5 집게로 식물을 잡은 채로 테라리엄에 각도를 잘 잡아서 아까 자리를 잡은 부분에 집어넣습니다. 집게만으로 식물을 잡는 게 어렵다면 티스푼을 같이 사용하거나 칼과 포크 등을 사용하세요. 티스푼이나 집게로 식물 주변의 흙을 잘 눌러서 자리를 잡아줍니다. 흙을 좀 더 넣어서 눌러줘야 할 수도 있습니다. 식물이 흔들리지 않게 만들어주세요.

6 모든 식물이 테라리엄 안에 위치할 때까지 3~5번을 반복합니다. 티스푼의 끝부분을 이용해서 식물들이 모두 자리를 잘 잡았는지 테스트를 해봅니다. 식물의 맨 윗부분을 톡톡 두드리거나 잎을 건드려봐서 움직이는지 확인하는 거죠. 만약 제대로 자리를 잡지 못한 식물이 있다면, 흙을 좀 더 넣고 눌러주세요.

7 티스푼을 이용해 어항용 자갈을 흙 위에 2~3센티미터 정도 깔아줍니다. 배수를 돕기 위한 것이니 장식용 돌을 사용하지는 마세요. 테라리엄의 모양이 독특할 경우에는 티스푼 대신 깔때기를 사용해도 돼요.

8 식물 위에 자갈이나 흙이 올라가 있다면 붓을 이용해 털어내줍니다.

완성된 테라리엄은 #LIVINGWITHPLANTSTERRARIUM #LIVINGWITHPLANTSHOWTO @GEO-FLEUR를 태그해서 올려주세요.

5장

식물로 인테리어를
하는 방법

식물로 집 안을 꾸며봅시다

집 안 어디에 식물을 둘지를 생각하는 것은 중요합니다. 식물도 성장할 공간이 필요하니 너무 바글바글하게 몰아두면 좋지 않습니다. 그렇다고 외로워 보이는 것도 좋지는 않죠. 밝고 해가 잘 드는 텅 빈 창가가 있나요? 그렇다면 몬스테라 꺾꽂이 순으로 녹색 포인트를 더해보세요. 몬스테라는 환경만 잘 맞으면 빠르게 자라난답니다. 144쪽을 참조해 창턱을 꾸미는 아이디어를 얻어보세요.

식물들은 함께 있을 때 잘 자랍니다. 그러니 다양한 크기와 모양의 화분, 그리고 식물로 구성된 식물 구역을 만드는 것도 좋아요. 다시 한 번 말하지만, 이런 작업을 위해서는 창턱이 안성맞춤입니다. 사실 작은 식물 무리는 실질적으로 아무 곳에나 둘 수 있죠. 단, 고르는 식물이 그 공간에 맞는지만을 확인해주세요 21~24쪽, 47쪽.

함께 있을 때 잘 어울리는 서로 다른 식물을 고르는 핵심 방법은 서로를 보완해주는 다양한 모양과 질감을 찾는 것입니다. 이를테면 존재감이 무척 강한 브로멜리아드를 여러 개 같이 두는 건 별로 좋지 않겠죠. 무지개 효과를 원하는 게 아니라면요. 필로덴드론(필로덴드론 하스타툼)을 골라 청회색 톤을 뽑아내고 화이트 고스트(유포르비아 락테아)와 넉줄고사리(다발리아 카나리엔시스)를 매치시켜 보세요. 이들 색상은 조화롭게 어우러진답니다.

이 챕터의 나머지 부분에서는 식물을 스타일링 할 수 있는 다양한 방법을 보여드리려 합니다. 단순히 화분의 타입을 바꾸는 것뿐만 아니라, 좀 더 원대한 방식으로 식물을 디스플레이 하는 방법이에요.

테이블 장식으로
식물 배열하기

즐거운 시간을 보낼 때, 식탁 위를 약간의 녹색으로 물들이는 것도 괜찮을 거예요. 얼마나 시간과 공간이 있느냐에 따라 화분에 심긴 식물로 예쁘면서도 간결한 느낌을 낼 수 있습니다. 아니면 정말로 여기에 매진해서 좀 더 사치스러운 화분을 사용해 식물을 뽐낼 수도 있고요.

이렇게 해보는 건 어떨까요?

1. 서로 다른 현대적인 느낌의 식물을 예쁜 화분에 심어 식탁 중심을 가로질러 놓아보세요. 가운데를 가로지를 만큼 공간이 많지 않다면 미니 선인장이나 미니 다육식물처럼 작은 화분에 심긴 식물도 좋습니다. 그런 뒤 정원에 있는 식물의 줄기를 일부 잘라서 화분 옆에 뉘어 보세요. 아니면 큰 식물을 식탁 가운데에 올리고 그 주변을 작은 화분들로 꾸며도 훌륭합니다.

2. 매듭공예 식물 걸이를 만들어 테이블 위에 다양한 높이로 걸어보세요. 35~39쪽을 보고 만드는 방법을 참고하세요. 천장이 높으면 드라마틱한 효과를 낼 수 있어 아주 좋답니다. 갈대선인장이나 러브체인 같은 아래로 잎을 늘어뜨리는 식물을 걸어 식물의 다양한 질감과 잎 모양을 즐겨보세요.

3. 빈티지 상자, 옷장 혹은 커다란 컨테이너를 이용해 식물 상자를 만들어보세요. 다양하면서도 상호 보완적인 식물로 채워보세요. 이미 가지고 있는 식물을 이용해도 좋답니다. 상자 안을 다양한 질감으로 채우기 위해 저는 양치식물 콤비네이션을 활용하는 걸 좋아합니다. 세로그라피카, 필레아, 바위솔, 다육식물, 선인장 그리고 미니 신화월크라슐라 오바타 등으로 말이죠(오른쪽 사진 참조).

#식물선반사진(#PlantShelfie) 만들기

———

저는 인스타그램에서 #PlantShelfie의 엄청난 팬이랍니다. 선반 위에 멋진 식물 컬렉션을 얹고 사진을 찍은 뒤 자랑하면 되는 엄청 간단한 일이죠! #PlantShelfie를 위해 선반을 구입하고 싶다면, 심플한 이케아 선반부터 좀 더 스타일리시한 것까지 다양한 상품이 있답니다. 스칸디나비아 테마를 고집한다면 공중에 매다는 선반을 살펴보는 건 어떨까요. 대표적인 스웨덴 디자이너 닐스 스트리닝Nils Strinning 혹은 덴마크의 가족 기업인 우드Woud의 제품을 살펴보세요.

시작하기에 앞서 #PlantShelfie에 어떤 종류의 식물을 올리고 싶은지 결정해야겠지요? 맨 위에는 물을 그다지 많이 주지 않아도 되는 식물을 두는 게 좋을 거예요. 그래서 선반 맨 위에는 선인장을 두는 걸 추천 드려요. 굳이 위로 올라가지 않더라도 쉽게 들어내려 물을 줄 수 있는 틸란드시아 세로그라피카는 어떨까요? 만일 높이가 그다지 문제가 되지 않는다면 아래로 잎을 늘어뜨리는 식물도 괜찮을 거예요. 이를테면 러브체인처럼 말이죠. 러브체인은 잎이 아래로 흐드러지기 때문에 선반 맨 위에 두면 정말 아름답답니다.

쉽게 접근할 수 있는 아래쪽 선반에는 피토니아처럼 신경을 많이 기울여야 하는 식물을 두세요. 이런 식물들은 눈을 확 잡아끄는 색감을 가지고 있고 다양하기도 해서 녹색과 분홍색, 보라색의 다양한 색채를 만들어낼 수 있답니다.

각 선반마다 늘 홀수의 화분을 올려두도록 합니다. 홀수가 더 나아 보이거든요. 또한 화분 주변에 다른 액세서리를

뒤도 되겠죠. 이를테면 스칸디나비아의 영감을 받은 황동이나 구리로 된 미니멀 오브제와 같은 장식품처럼 말예요. 여러분의 개성이 드러나는 아끼는 물건 옆에 화분을 두는 것은 아주 멋진 일이죠.

지오-플뢰르에서 찍는 #PlantShelfie에는 빈티지 판게라가 있답니다. 식물의 이름과 가격을 표시하는 데 사용하는 건데요, 집에서는 친구나 가족에게 짤막한 메시지를 쓰는 용도로 사용할 수 있답니다. 저는 또한 식물로 말장난하는 걸 좋아하죠!

식물 컬렉션을 시작하기에 좋은 5가지 식물들

———

다음 식물들은 함께 있을 때 정말 멋져 보인답니다. 첫 식물 선반 사진을 찍기에 완벽한 스타팅 포인트가 될 거예요.

1. 스파티필룸
2. 스킨답서스
3. 산세비에리아
4. 무늬접란
5. 알로에

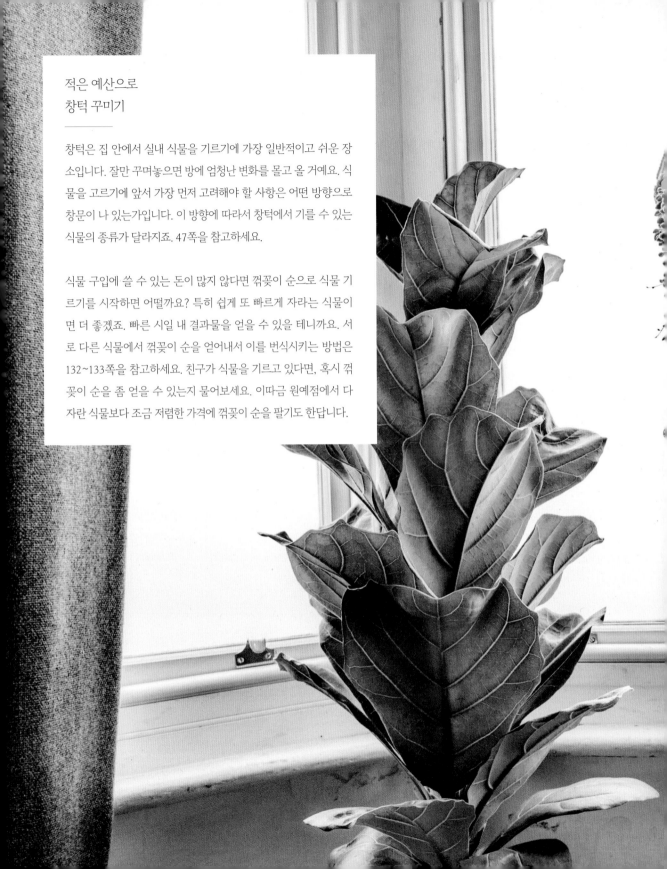

적은 예산으로
창턱 꾸미기

창턱은 집 안에서 실내 식물을 기르기에 가장 일반적이고 쉬운 장
소입니다. 잘만 꾸며놓으면 방에 엄청난 변화를 몰고 올 거예요. 식
물을 고르기에 앞서 가장 먼저 고려해야 할 사항은 어떤 방향으로
창문이 나 있는가입니다. 이 방향에 따라서 창턱에서 기를 수 있는
식물의 종류가 달라지죠. 47쪽을 참고하세요.

식물 구입에 쓸 수 있는 돈이 많지 않다면 꺾꽂이 순으로 식물 기
르기를 시작하면 어떨까요? 특히 쉽게 또 빠르게 자라는 식물이
면 더 좋겠죠. 빠른 시일 내 결과물을 얻을 수 있을 테니까요. 서
로 다른 식물에서 꺾꽂이 순을 얻어내서 이를 번식시키는 방법은
132~133쪽을 참고하세요. 친구가 식물을 기르고 있다면, 혹시 꺾
꽂이 순을 좀 얻을 수 있는지 물어보세요. 이따금 원예점에서 다
자란 식물보다 조금 저렴한 가격에 꺾꽂이 순을 팔기도 한답니다.

가죽 & 놋쇠
식물 걸이 만들기

준비물

자

지름 3센티미터 구리 혹은 놋쇠 파이프 1.08미터

쇠톱

커팅 매트

회전날 커터

약 7.5센티미터 너비의 가죽 조각 40센티미터

가죽 구멍 펀치

굵기 1밀리미터의 구리 와이어 한 타래

와이어 커터

구리 배관 T형 이음

순간접착제

장갑(선택)

이 걸이는 화분에 심은 다육식물이나 갈대선인장에 완벽하게 어울립니다. 액자 걸이 또는 창턱이나 커튼 봉에 걸려 있는 S 후크에 식물을 걸 수 있지요.

기호에 따라 놋쇠 혹은 구리 파이프를 사용합니다. 가죽 신발 가게나 제조사에서 남은 가죽 조각을 구할 수 있을 거예요. 좋아하는 종류나 색을 고릅니다.

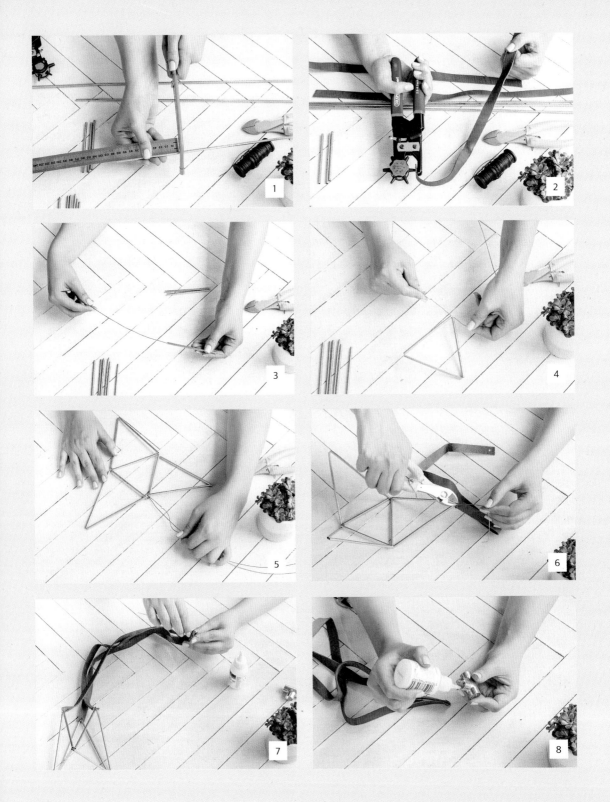

1 파이프를 10센티미터 길이로 3개 표시하고 쇠톱을 이용해서 잘라냅니다. 그런 뒤 13센티미터 6개를 잘라내주세요.

2 커팅 매트와 회전날 커터를 이용해 가죽을 잘라냅니다. 너비 2.5센티미터, 길이는 30~40센티미터 길이로 잘라주세요.

3 펀치로 가죽 끈의 각 끝부분에 지름 3밀리미터 정도의 구멍을 뚫습니다. 끈의 끝부분에 너무 가깝게 뚫지는 마세요. 찢어질 수 있습니다.

4 와이어 커터를 사용해서 구리 와이어를 2미터 길이로 잘라냅니다.

5 짧은 파이프들을 구리 와이어에 끼워 파이프의 한쪽 끝으로 와이어가 1.5미터가량 남게 만들어줍니다. 파이프와 와이어의 끝이 뾰족하므로 주의해야 합니다. 파이프의 연결 부분을 접어서 삼각형을 만들고, 연결 부분에서 와이어를 뒤틀어 자리를 잡아줍니다. 이 삼각형이 홀더의 바닥 부분을 구성할 겁니다. 그리고 더 높은 삼각형으로 옆을 만들어줄 겁니다.

6 와이어의 긴 쪽에 긴 파이프 2개를 끼웁니다. 이 파이프의 연결 부분을 접어서 또 다른 삼각형을 만듭니다. 연결 부분에 와이어를 감아서, 긴 파이프가 짧은 파이프를 만나는 연결 부분을 잘 잡아줍니다. 이제 옆에 삼각형이 생겼습니다. 또 다른 높은 삼각형이 한쪽 면에 생기게 될 거예요.

7 같은 와이어를 사용하여 긴 파이프 2개를 더 끼워 삼각형을 만듭니다. 다시금 연결 부분을 접어 원래 삼각형의 구석 연결 부분을 고정해줍니다. 이제 맨 처음 만든 바닥 삼각형과 두 개의 높은 삼각형이 생겼습니다. 마지막 파이프 2개를 끼워 같은 방식으로 작업합니다. 이제 3개의 삼각형이 만들어졌습니다. 마지막 연결 부분에서 와이어를 충분히 감아 풀리지 않고 고정될 수 있도록 만들어줍니다.

8 모든 조각들의 크기가 같은지 확인한 이후, 위로 접어 올려 피라미드 모양을 만듭니다. 연결 부분에서 와이어의 끝을 잘라냅니다.

9 구리 와이어를 15센티미터 길이로 잘라내서 가죽 끈의 구멍 중 하나에 끼웁니다. 가죽 끈의 끝부분을 키가 큰 삼각형의 윗부분과 이어줍니다. 실과 바늘로 바느질하는 것과 비슷해요. 가죽 구멍과 삼각형 연결 부분을 와이어로 4~5차례 감아서 단단히 고정되게 만들어주세요. 그리고 남는 와이어는 잘라내고 아래쪽으로 구부러뜨려 줍니다. 날카로울 수 있으니 주의하세요.

10 나머지 가죽 끈도 9번 과정을 반복해줍니다. 3개 끈이 모두 삼각형 파이프에 연결되었습니다.

11 가죽 끈 3개를 가지런히 모아 윗부분의 구멍에 구리 와이어 10센티미터 정도를 가지고 '바느질하듯' 한데 묶어줍니다.

12 T형 이음의 안쪽에 순간접착제를 바릅니다. 손에 접착제가 묻지 않도록 주의하세요. 장갑을 쓰는 것도 방법입니다. 한데 묶인 가죽을 T형 이음 안으로 밀어넣어줍니다. 순간접착제가 가죽 바깥으로 스며나오지 않게 합니다. 만약 스며나왔다면 축축한 천을 이용해서 닦아내세요.

13 걸이가 마를 때까지 2시간 정도 둔 후, 식물을 넣고 원하는 곳에 겁니다.

완성품은 #LIVINGWITHPLANTSPLANTHANGER #LIVINGWITHPLANT-SHOWTO @GEO-FLEUR를 태그해서 올려주세요.

마법 같은 식물의 비밀

이 장에서 저는 몇 가지 마법 같은 식물의 비밀과 관리 팁을 알려드릴게요.
식물에 대한 저의 지식을 집대성한 것입니다!

1. 가장 흔한 실수는 식물에 물을 과도하게 주는 겁니다. 자주 물을 뿌려서 흙을 촉촉하게 유지하되, 거의 말랐을 때에만 물을 부어야 합니다. 확신이 들지 않을 때에는 그냥 내버려두세요!

2. 친구네 집에서 꺾꽂이 순을 가지고 오세요. 컬렉션을 늘릴 수 있는 가장 좋은 방법입니다.

3. 공간이 제한적이라면 키가 크고 좁은 화분을 이용해보세요. 바닥 면적을 최대한 좁게 사용하는 거죠. 아니면 다육식물나 선인장처럼 작은 식물에 투자하는 것도 방법이랍니다. 창턱에서 매듭공예로 매단 양동이를 늘어뜨리는 것도 공간을 절약하는 방법이에요!

4. 식물을 모아둘 때에는 홀수로 모아보세요. 식물들끼리 모여 있으면 더 잘 자랍니다.

5. 식물들은 새로운 환경에 익숙해지는 데 시간이 걸립니다. 그러니 너무 자주 장소를 바꾸려고 하지 마세요. 자칫하면 시들 수 있어요.

6. 정기적으로 전지 작업을 해서 건강하게 유지시켜주세요. 죽어가는 꽃이나 노랗게 변한 잎을 잘라내고, 필요할 경우에는 흐트러지기 쉬운 가지들도 잘라냅니다.

엄청난 여정이었어요. 지오-플뢰르의 첫걸음은 롤러코스터나 마찬가지였습니다. 가게 안에 있는 모든 식물들을 여러분께 보여드리고 싶어 견딜 수가 없네요! 여러분이 이 책을 통해 몇 가지 가치 있는 팁을 배우셨길 바랍니다. 여러분 나름의 식물 컬렉션을 시작할 수 있도록 영감을 불어넣었기를 바라고요. 이제 식물 컬렉션을 어떻게 유지하고 어떻게 무럭무럭 키울 수 있는지 아셨겠지요. 지오-플뢰르에서는 워크샵도 개최하고 있습니다. 식물에 대해 더 배우고 친구와 친목을 다질 수 있는 시간이 될 거예요. 인스타그램 @geo_fleur 계정을 통해 제가 어떤 활동을 하고 있는지도 보실 수 있을 겁니다.

그럼 즐겨주세요!

Plant Index

A

Adiantum
공작고사리*(아디안툼)*

손이 조금은 많이 가는 식물입니다. 흙을 늘 촉촉하게
유지시켜줘야 하고, 말라 보일 때에는 잎에 정기적으로 물을
분사해주세요(82, 85, 116쪽).

Aeonium
에오니움

잎이 장미 모양으로 나는 이 다육식물은 색이 노란색부터
검정에 가까운 색까지 다양합니다. 잎은 명경*(에오니움
타불리포르메)*처럼 납작하고 빽빽하게 나 있을 수 있고
아니면 흑법사*(에오니움 아르보레움)*처럼 다소 덜 빽빽할 수도
있답니다.

Aloe asphodelaceae
알로에 베라*(알로에 아스포델라세아)*

알로에 베라는 아래에서부터 물을 줍니다. 그리고 다시 물을
주기 전 흙이 마를 때까지 둡니다. 번식시키기에 매우 쉽고
'아기들'을 아주 많이 가지죠(42, 143쪽).

Ananas bracteatus
붉은 무늬 아나나스*(아나나스 브락테아투스)*

매우 강렬한 인상을 주는 이 식물은 레드 파인애플을
생산합니다. 그리고 브로멜리아드라고 불리는 파인애플과에
속해요. 다른 브로멜리아드와 마찬가지로 줄기를 따라 물을
줍니다(88쪽).

Asparagus aethiopicus
하늘초*(아스파라거스 에티오피쿠스)*

아래에서부터 물을 주고 따뜻한 곳에서 기릅니다. 습도를
높여주기 위해 물을 뿌려주세요(82, 85쪽).

Asplenium nidus
새둥지고사리*(아스플레니움 니두스)*

아래에서부터 물을 주고 습도를 높여주기 위해 물을
뿌려주세요.

B

Bromeliaceae
브로멜리아드*(브로멜리아세아)*

줄기를 따라 물을 줍니다(24, 87, 102쪽).

C

Calathea orbifolia
줄무늬 칼라테아*(칼라테아 오르비폴리아)*

아래에서부터 물을 주고 정기적으로 분무해줍니다.

Chlorophytum comosum
무늬접란*(클로로피툼 코모숨)*

아래에서 물을 충분히 주고 정기적으로 분무해줍니다(49,
50, 143쪽).

어떤 식물들을 기를 수 있는지, 어떻게 그 식물들을 건강하게 돌볼 수 있는지 체크할 수 있는 공간입니다. 물을 주는 다양한 방법은 124~127쪽을 참조하세요. 주의: 몇몇 식물은 반려동물에 유독성을 갖습니다. 반려동물이 있다면 늘 식물 라벨을 체크하거나 구입하기 전에 원예점에 꼭 물어보세요.

Crassula ovata
신화월(크라슐라 오바타)

아래에서부터 물을 주거나 주마다 한 번 물을 뿌려줍니다. 다육식물처럼 다뤄줍니다(142쪽).

Crassula arborescens
아보레센스(크라슐라 아르보레센스)

다육식물처럼 다뤄줍니다. 아래에서부터 물을 주거나 일주일에 한 번 물을 뿌려줍니다.

Crassula perforata
남십자성(크라슐라 페르포라타)

2주마다 한 번 물을 뿌려줍니다. 쉽게 곰팡이가 필 수 있으니 주의하세요.

Calathea roseopicta
칼라테아(칼라테아 로제오픽타)

아래에서부터 물을 주고 일주일에 한 번 물을 뿌려줍니다 (24쪽).

D

Davallia
토끼발고사리(다발리아)

이 식물들은 독특한 털이 많은 '발'이 있는데요, 여기서 이 양치식물의 잎이 자라납니다. 아래에서부터 물을 주고 일주일에 한 번 물을 뿌려줍니다(25, 141쪽).

E

Echeveria agavoides 'Multifera'
에케베리아 아가보이데스 '멀티페라'

다육식물처럼 다뤄줍니다. 아래에서부터 물을 주거나 일주일에 한 번 분무해주세요.

Echeveria lilacina
여나련(에케베리아 릴라시나)

일주일에 한 번 문부해줍니다. 다육식물처럼 다뤄주세요.

Echeveria halbingeri
에케베리아 할빙게리

다육식물처럼 다뤄줍니다. 아래에서부터 물을 주거나 일주일에 한 번 물을 뿌려줍니다.

Echinocactus grusonii
금호(에키노칵투스 그루소니)

2주에 한 번 아래에서부터 물을 줍니다.

F

Ficus elastica
인도고무나무(피쿠스 엘라스티카)

아래에서부터 물을 주고 매주 분무해줍니다(33쪽).

Ficus lyrata
떡갈잎고무나무(피쿠스 리라타)

아래에서부터 물을 주고 매주 분무해줍니다. 따뜻한 곳에서 기릅니다(8, 25쪽).

Fittonia albivenis
피토니아 *(피토니아 알비베니스)*

아래에서부터 물을 주고 흙을 촉촉하게 유지해줍니다. 1주일에 세 번 물을 뿌려줍니다. 만일 잎이 시들면 더 자주 물을 주면 됩니다(47, 116, 119, 143쪽).

H

Haworthia fasciata
십이지권 *(하워르티아 파시아타)*

십이지권은 알로에 같은 다육식물입니다. 잎이 두껍고 물이 가득 차 있죠. 매우 강인한 식물입니다. 매주에 한 번 물을 분무해주세요.

M

Monstera deliciosa
몬스테라 *(몬스테라 델리시오사)*

아래에서부터 물을 주고 매주 한 번 분무해줍니다. 만일 물이 충분히 공급되지 않으면 잎이 축 처지게 됩니다(19, 23, 24, 49, 111, 141쪽).

Musa
바나나 야자수 *(무사)*

매우 강인한 식물입니다. 아래에서부터 물을 주고 습도

유지를 위해 분무해주세요.

O

Opuntia microdasys
금오모자 *(오푼티아 미크로다시스)*

일주일에 한 번 분무해줍니다.

P

Philodendron
필로덴드론

일주일에 한 번 아래에서부터 물을 주세요. 물이 충분하지 않으면 잎이 물렁해집니다. 그렇지만 물을 너무 많이 주지는 마세요(23, 141쪽).

Phlebodium pseudoaureum
파란 토끼발고사리 *(플레보디움 세우도아우레움)*

습기를 유지해줍니다. 아래에서부터 물을 주고 습도를 높이기 위해 분무해줍니다.

Pilea peperomioides
필레아 *(필레아 페페로미오이데스)*

물이 충분하지 않으면 잎과 줄기가 물렁해집니다. 아래에서부터 물을 주고 분무해줍니다. 번식시키기 아주 쉽습니다(24, 25, 47, 142쪽).

Platycerium
박쥐란 (플라티세리움)

아래에서부터 물을 주고 잎에 분무해줍니다. 잎이 축 처져 있다는 것은 물이 더 필요하다는 뜻입니다.

S

Sedum morganianum
옥주염 (세둠 모르가니아눔)

일주일에 한 번 물을 뿌려줍니다. 너무 축축하게 만들지는 마세요. 곰팡이가 필 수 있거든요.

Sempervivum tectorum
하우스릭 (셈페르비붐 텍토룸)

셈페르비붐은 실내외에서 오랫동안 길러온 식물입니다. 아주 강인하기 때문에 무신경하더라도 잘 자라는 것처럼 보입니다. 또한 물을 과도하게 주어서도, 영양분을 과잉 공급해도, 불필요하게 분갈이를 해서도 안 됩니다 (75, 142쪽).

Senecio rowleyanus
녹영 (세네시오 로울레야누스)

이 세네시오 그룹은 무척 특이합니다. 장식용 실이 비즈 같은 잎을 꿰뚫고 있는 것처럼 보이죠.

Strelitzia reginae
극락조화 (스트렐리치아 레기나)

극락조화는 주로 봄에 꽃을 피우지만 좀 일찍 혹은 늦게 피우기도 합니다. 집에서 기를 수 있는 식물 중 가장 화려한 꽃을 피우는 식물이기도 해요. 선명한 색상의 꽃은 높은 줄기 위에서 큰 잎에 둘러싸여 몇 주 동안 유지되기도 한답니다. 새로운 식물은 꽃을 피울 때까지 4~6년이 걸립니다. 인내심이 필요해요. 꽃을 자주 피우게 만들 수 있는 묘책이 있답니다. 극락조화는 보통 따뜻한 온도를 좋아하고, 햇빛도 최대한 많이 쬐어야 합니다. 물을 충분히 주고 흙의 표면이 마를 때까지 두세요. 겨울에는 이따금만 물을 주면 됩니다.

T

Tillandsia
기생식물 (틸란드시아)

기생식물은 다양한 특질을 가지고 있고 종류도 다양합니다. 이 식물들은 올바르게 관리하는 게 중요한데요, 일주일에 2~3번씩 물을 분무해줘야 합니다. 혹은 10분 동안 물에 담가두었다가 마르게 두어야 하죠. 가장 흔한 종류는 틸란드시아 이오난사와 틸란드시아 압디타가 있답니다 (87, 88쪽).

Tillandsia xerographica
세로그라피카 (틸란드시아 세로그라피카)

강인한 기생식물입니다. 일주일에 한 번 물에 담근 뒤 마르게 두세요 (94, 142, 143쪽).

엄마 수에게 정말 감사드립니다. 저에게 엄청난 영감을 주신 분이죠.
엄마가 아니었으면 저는 길을 잃고 헤맸을 거예요. 샐리에게도
감사합니다. 지오–플뢰르의 물류를 맡아 제가 매일같이 제정신을
유지할 수 있게 해줬습니다. 우리는 함께 일하면서 최고로 즐거운 나날을
보내고 있답니다. 또한 레오니 프리먼에게 크게 감사드리고 싶어요.
임신 7개월의 몸으로 이 책을 위해 사진을 찍어주셨거든요. 당신은
슈퍼우먼이에요!

우리의 재능 있는 손 모델 킴 루카스에게도 감사드립니다.
로완 스프레이는 우리의 보조 사진작가로, 사진을 찍을 때 조직적으로
움직일 수 있게 도와주었어요. 식물 수백 개를 넣었다 뺐다 하면서
말이죠. 예쁜 책으로 디자인 해주신 하디 그랜트와 샬롯 힐 팀의 모든
사람들에게도 정말 감사드립니다. 재클린 콜리에게는 멋진 식물
일러스트레이션에 대해 감사드려요. 훌륭한 디자인과 따뜻한 말로 저를
격려해준 조반나에게도 감사합니다. 당신은 정말 멋진 여성이에요.

옮긴이 김아영

한국외국어대학교 영어통번역학 및 스칸디나비아어학 전공. 스웨덴 스톡홀름에서 총 2년 거주 후, 현재 프리랜서 번역가로 영어, 스웨덴어, 일본어를 옮기고 있다. 옮긴 책으로는 《어린이를 위한 페미니즘》, 《스웨덴 엄마의 말하기 수업》, 《섬은 고양이의 세레니데》 등이 있다.

실내 식물 가꾸기의 모든 것

첫판 1쇄 펴낸날 2018년 6월 22일

지은이 소피 리
옮긴이 김아영
발행인 김혜경
편집인 김수진
책임편집 김교석
편집기획 이은정 조한나 최미혜 김수연
디자인 박정민 민희라
경영지원국 안정숙
마케팅 문창운 노현규
회계 임옥희 양여진 김주연

펴낸곳 (주)도서출판 푸른숲
출판등록 2003년 12월 17일 제406-2003-000032호
주소 경기도 파주시 회동길 57-9번지, 우편번호 10881
전화 031)955-1400(마케팅부), 031)955-1410(편집부)
팩스 031)955-1406(마케팅부), 031)955-1424(편집부)
홈페이지 www.prunsoop.co.kr
페이스북 www.facebook.com/prunsoop   인스타그램 @prunsoop

ⓒ푸른숲, 2018
ISBN 979-11-5675-751-1(03520)